村镇建筑结构抗震技术手册丛书

村镇轻钢结构建筑抗震技术手册

编 著 叶继红 冯若强 陈 伟

基金资助：
国家科技支撑计划——“十二五”不同地区村镇建筑适宜性抗震关键技术研究与示范(2011BAJ08B04)
江苏省高校优势学科建设工程(CE03-3-15)

东南大学出版社
·南 京·

内 容 提 要

本专著的内容是基于国家"十二五"科技支撑计划课题"不同地区村镇建筑适宜性抗震关键技术研究与示范"中子课题——"华东地区村镇轻钢结构抗震技术研究"编写的，是一本介绍冷弯薄壁型钢房屋建筑结构设计方法的实用性读物。内容包括村镇冷弯薄壁型钢结构建筑材料特点、房屋特点与应用现状及抗震性能的概述；冷弯薄壁型钢的相关材料力学性能；冷弯薄壁型钢房屋的墙体、屋盖、楼盖设计和抗震验算；冷弯薄壁型钢房屋的各关键构件详细构造要求；冷弯薄壁型钢房屋的施工方法及验收标准，以及一栋三层冷弯薄壁型钢房屋的设计实例等。

本专著可作为高等工科院校土木工程类专业的参考教材，设计、施工单位的专业技术人员参考书，以及冷弯薄壁型钢房屋建筑行业职业技术教育培训教材。

图书在版编目(CIP)数据

村镇轻钢结构建筑抗震技术手册/叶继红，冯若强，陈伟编著. —南京：东南大学出版社，2013.12

(村镇建筑结构抗震技术手册丛书)

ISBN 978-7-5641-4658-0

Ⅰ.①村… Ⅱ.①叶…②冯…③陈… Ⅲ.①农业建筑—钢结构—防震设计—技术手册 Ⅳ.①TU352.104-62

中国版本图书馆 CIP 数据核字(2013)第 278825 号

村镇轻钢结构建筑抗震技术手册

出版发行 东南大学出版社
社　　址 南京市四牌楼 2 号　邮编 210096
出 版 人 江建中
网　　址 http://www.seupress.com
电子邮箱 press@seupress.com
经　　销 全国新华书店
印　　刷 南京玉河印刷厂
版　　次 2013 年 12 月第 1 版
印　　次 2013 年 12 月第 1 次印刷
书　　号 ISBN 978-7-5641-4658-0
开　　本 700mm×1000mm　1/16
印　　张 11.25
字　　数 221 千
定　　价 39.00 元

本社图书若有印装质量问题，请直接与营销部联系。电话(传真)：025-83791830

前　言

轻钢房屋结构具有绿色、节能、环保、用钢量省、抗震性能好、施工速度快、易于产业化等特点，是国际公认的绿色建筑，已在欧美、澳洲、日本等国家和地区的三层及以下别墅及公寓类型房屋中得到广泛应用。这些国家采用的生产方式和技术手段与制造业已无明显区分。

由于历史原因，钢结构在我国一直被认为是工程造价高、设计施工复杂的建筑结构体系。目前，我国正处于工业化和城镇化快速发展阶段，年项目建设工程量庞大，资源消耗严重，环境恶化压力巨大，发展绿色建筑已被列为国家中长期科学和技术发展规划纲要中重点领域中的优先主题。近年来我国经济高速发展，劳动力市场越来越紧缺，劳动力成本不断上升已成为必然趋势。而对于产业化程度高的轻钢建筑而言，这无疑将大大增强其在建筑市场成本的竞争力。因此不难预计，在不远的将来，轻钢房屋建筑将以其各项卓越的性能被广大百姓所接受。

本专著是基于国家“十二五”科技支撑计划课题“不同地区村镇建筑适宜性抗震关键技术研究与示范”中子课题——“华东地区村镇轻钢结构抗震技术研究”编写的，是一本介绍冷弯薄壁型钢房屋建筑结构设计方法的实用性读物。本专著适用于三层及以下轻钢房屋建筑，是以提升村镇冷弯薄壁型钢房屋建筑抗震性能为出发点，指导实际设计和施工，内容包括介绍村镇冷弯薄壁型钢结构建筑材料特点、房屋特点、设计计算方法及施工验收标准等。本专著在第六章给出了一栋三层冷弯薄壁型钢房屋的详细设计实例，读者可依此熟悉冷弯薄壁型钢房屋设计计算过程及施工图形式。

本专著作者自 2006 年起开展冷弯薄壁型钢结构相关研究，书中亦包含了作者的部分研究结果。在本书的编写过程中，硕士生贾宏远和彭贝协助进行了较多工作，在此表示感谢。

限于水平，书中的疏漏和不妥之处，敬请读者批评指正。

目 录

第一章
冷弯薄壁型钢房屋概述

1.1　冷弯薄壁型钢特点

1.1.1　冷弯薄壁型钢概述

冷弯薄壁型钢是一种经济断面型钢。它是以热轧或冷轧卷材和带材为原料，在常温下，用连续辊弯成型、拉拔弯曲成型、冲压折弯成型等方法，加工制造出热轧方法难以生产的各种断面的型材和板材，其中辊弯成型(图 1.1)是冷弯型钢的主要加工方法。辊弯成型是通过顺序配置的多道次成型轧辊(水平辊、立辊、组合辊)，把卷材、带材等金属板带不断地进行横向弯曲，以制成特定的断面。

(a) C型钢辊弯成型

(b) 压型钢板辊弯成型

图 1.1　冷弯薄壁型钢辊弯成型

近些年来，冷弯薄壁型钢产品在建筑、汽车制造、船舶制造、电子工业及机械制造业等许多领域得到了广泛应用，其产品从普通的导轨、门窗等结构件到一些为特殊用途而制造的专用型材，类型极其广泛。随着钢结构的结构形式日趋广泛，高效、经济的冷弯薄壁型钢在建筑业尤其是轻钢房屋的建设中应用尤其突出。建筑结构中的冷弯薄壁型钢有如下优点[1]：

(1) 通过冷成型加工可经济地得到需要的截面形状，进而获得令人满意的强度质量比，以节约用钢量。

(2) 截面形状便于叠放，节约了包装和运输时的空间。

(3) 压型钢板能为屋顶、楼面及墙板提供表面，还能为电力和其他管道提供密封式部件。

(4) 压型钢板不仅能承受垂直于板表面的荷载，而且当相互之间及与支承构件可靠连接时，板还可作为剪力蒙皮抵抗自身平面内的荷载。

与木材和混凝土等其他材料相比，冷弯薄壁型钢结构构件具有以下特性：

(1) 质量轻、强度高、刚度大。

(2) 便于配件预制并大量生产、运输与管理。

(3) 受天气影响小，建造及安装迅速、便利。

(4) 断面均匀、表面光洁、尺寸精度高。

(5) 施工无需支模，环境温度作用下无收缩、无徐变。

(6) 防白蚁及腐蚀，具有不燃性，材料可回收。

力学性能方面，冷弯薄壁型钢在室温下弯曲成型，截面弯角部分由于钢材的冷弯效应即强度提高、塑性下降，其强度高于平板部分。一般情况下，如利用冷弯效应提高后的强度进行设计则可节省10%～15%的钢材，如不计冷弯效应仍按原材料强度设计，则相当于提高了冷弯型钢的安全储备。其次，冷弯薄壁型钢壁厚较薄、截面板件宽厚比较大，容易出现局部屈曲，设计中通常采用有效宽度设计方法利用其屈曲后的强度。对于普通碳素钢板件，结构设计中通常通过限制板件宽厚比等方法来避免出现局部屈曲，而冷弯型钢结构可以允许发生局部屈曲，因为由于薄膜效应的存在，出现局部屈曲的板件还可以继续承受外荷载，这就是板件的超屈曲，超屈曲的利用扩大了冷弯型钢的使用范围。此外，冷弯薄壁型钢截面成型灵活，规格可定制，其基本形状为C形、Z形和矩形，并可形成各种折皱和卷边、拼成I形和T形(图1.2)，截面特性系数如惯性矩及抵抗矩相对较高，冷弯薄壁型钢主要通过优化截面形状而不是增加材料用量来提高构件承载能力，是一种高效型钢[2]。

1.1.2 冷弯薄壁型钢截面类型及其应用

建筑上，常用的冷弯薄壁型钢主要为板材和型材两类。常用的型材有C形、Z形、角形、帽形、I字形、T形和管形截面(图1.2)，此类截面主要用作独立的结构骨架构件，构件截面高度为51～305 mm、厚度为0.5～6.4 mm。板材通常用于屋面板、楼面板、墙板、壁板及桥梁外形(图1.3)，一些截面高度较大的楼板和墙板具有加劲腹板，板材截面高度通常为38～191 mm，厚度为0.5～1.9 mm。钢墙板和楼板不仅提供结构强度、承受荷载，为屋面、楼面提供一个表面，还能为电气管道提供空间，能凿孔与吸声材料结合，形成吸声天花板。蜂窝状板还能作为采暖、空调的输送管，波纹板常用于屋面板或墙板以及排水设备结构，有时也用作外墙墙板[1](图1.3)。

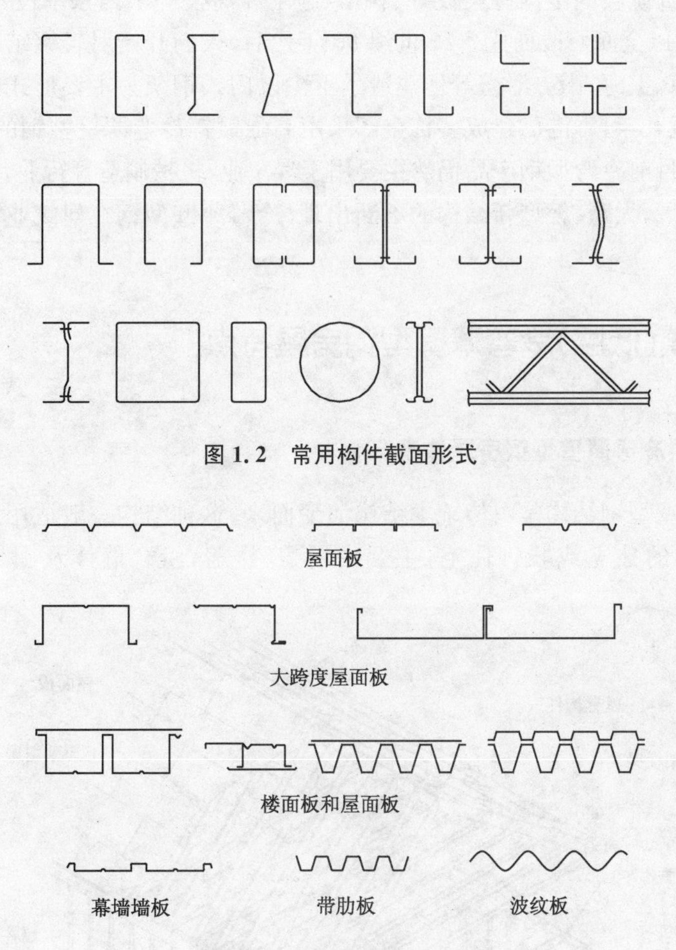

图 1.2　常用构件截面形式

图 1.3　楼板、墙板及波纹板

综上，冷弯薄壁型钢可用作钢架、桁架、梁、柱等主要承重构件，也可用作屋面檩条、墙架梁柱、龙骨、门窗、屋面板、墙面板、楼板等次要受力构件和围护结构。若全部构件均采用冷弯型钢，建成的建筑一般在四层以下，在美国常见的为 1～2 层的民用建筑，主要用作别墅、住宅、学校、医院及商业建筑等。目前轻钢结构体系在欧美发达国家低层住宅建筑中得到大量应用，其分析、设计、制造工艺已非常完善，使冷弯薄壁型钢结构构件走向了专业化、产业化生产模式。我国冷弯薄壁型钢的生产起始于 20 世纪五六十年代，在鞍山、上海、重庆等地区，以服务于农机业为主，而在建筑业的应用发展比较缓慢，直到 1987 年，建工出版社正式出版国家标准《冷弯薄壁型钢结构技术规范》(GBJ 18—1987)。目前使用的 GB 50018—2002 是由

中南建筑设计院会同全国有关设计、科研、施工和高校等十四家单位对 GBJ 18—1987 规范加以全面修改而成。20 世纪 90 年代后，人们开始对轻钢结构有了新的认识，在北京、上海、南方沿海等地建造了不少以门式钢架为主要形式的轻钢结构房屋建筑，近几年，香港已建成多栋全部采用高强镀锌冷弯薄壁型钢的 4～6 层住宅[3]。我国目前冷弯型钢产品仍然主要用于汽车业、机械制造等行业，但随着轻型钢结构的发展，大跨、轻型新结构的不断出现，冷弯薄壁型钢在建筑业中的应用将愈来愈广泛。

1.2 村镇(低层)冷弯薄壁型钢房屋特点

1.2.1 低层冷弯薄壁型钢房屋体系

冷弯薄壁型钢结构是由传统木结构演变而来，这种结构一般适用于二层或局部三层以下的独立或联排住宅，主要由屋盖、楼盖、组合墙体及围护结构组成(图 1.4)。

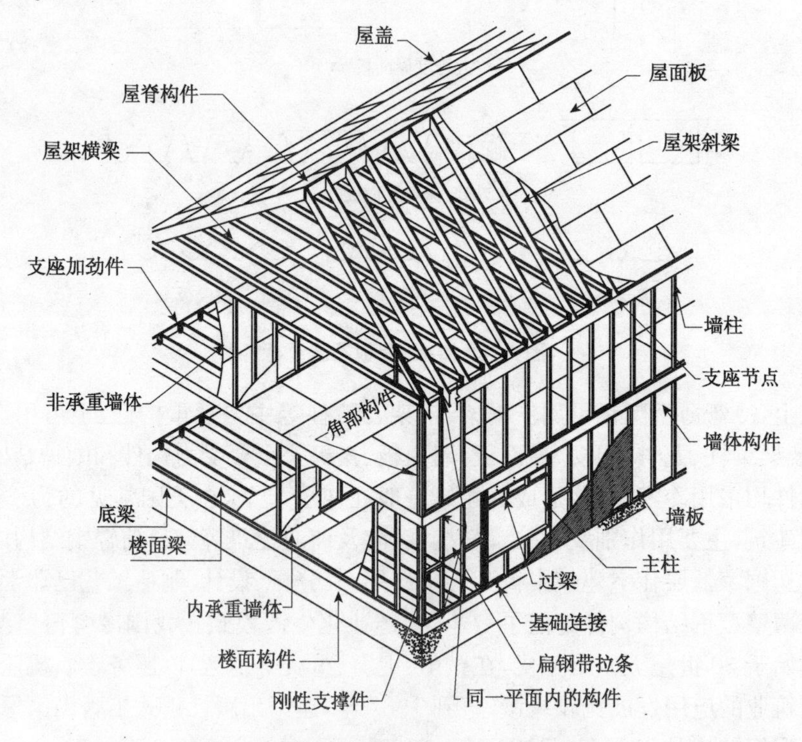

图 1.4　冷弯薄壁型钢住宅结构示意图

屋盖包括屋面瓦(板)、防水层、屋面檩条、屋架、保温层、天沟和落水管等。屋盖是房屋最上层的外围护结构,抵御自然界的风霜雨雪等其他外界的不利因素,因此屋顶在建筑设计中,解决防水、保温、隔热的作用显得尤为重要。冷弯薄壁型钢结构住宅中,防水通常用防水卷材实现,保温隔热则通过铺设孔隙率大、导热率小的保温材料(如玻璃纤维保温棉)实现。别墅以及低层住宅类建筑常采用坡屋顶,屋架形式多采用由屋面梁和斜梁组成的三角形屋架,保温材料可置于屋架的下弦上,也可沿屋面布置[4]。常用的屋面材料有彩色油毡瓦、太空板、压型钢板等,其中压型钢板轻质、高强、耐用、美观、安装方便,是使用最广泛的屋面材料。图 1.5 为博思格公司的两种屋面做法,图(a)的压型钢板具有良好的防水性能,因此不需要另铺防水层。

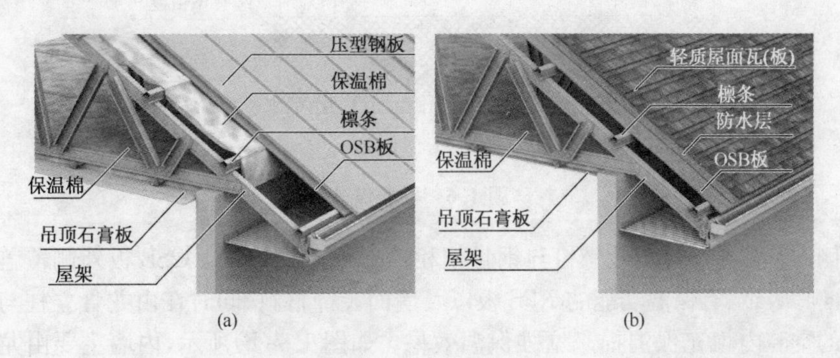

图 1.5　屋面做法

楼盖是冷弯薄壁型钢体系中功能最多的结构构件,它不仅要承担作用其上的静荷载和活荷载,还要具有足够的刚度来防止颤动、隔声和防火功能,并且一旦楼板安装完毕,它将成为上一层施工"平台"。楼盖可选择干楼板和湿楼板两种做法。干楼板做法[图 1.6(a)]是直接在托梁上铺设轻质混凝土板(如 ALC 板等),并通过自攻自钻螺钉把两者连接起来,托梁间距一般在 400～600 mm 之间;湿楼板做法[图 1.6(b)]是在压型钢板上浇筑约 50 mm 的混凝土,并在混凝土中加入钢丝网以防开裂[4]。无论是湿楼板和干楼板,均需设水泥砂浆防水层,根据需要安装装饰面层,并在底部布置保温隔热层和吊顶。干楼板施工简单、方便,工期短,但楼板整体刚度较小;湿楼板防水、隔声效果好,楼板整体刚度大,但施工复杂,操作时间长。

组合墙体由立柱、结构板材或装饰板材和拉条等组成。组合墙体是冷弯薄壁型钢房屋体系的重要承重及抗侧部件,同时又起着围护作用。它不仅承受楼盖和屋盖体系传递而来的竖向荷载,也抵抗风和地震作用产生的水平荷载,并将荷载传至基础。根据在建筑物中所处的位置不同,墙可分为外墙和内墙两大部分。典型的外墙柱体系组成如图 1.7(a)所示,C 型龙骨立柱与顶、底导轨组成钢骨架,外侧的 OSB 板

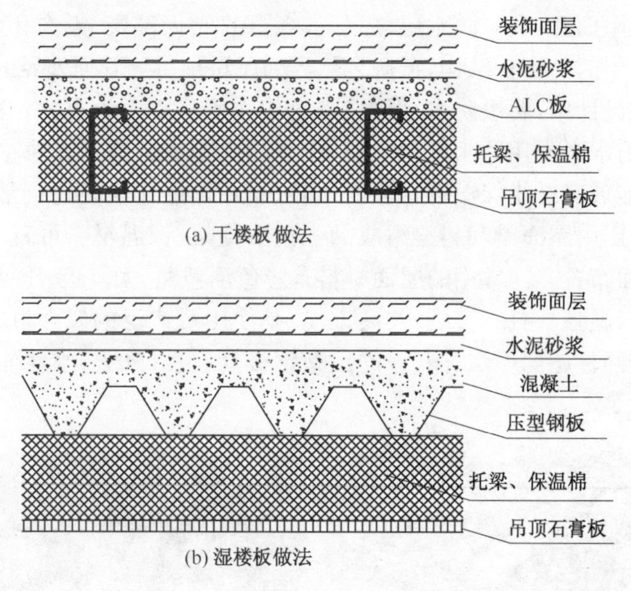

(a) 干楼板做法

(b) 湿楼板做法

图 1.6　楼板做法

和内侧的石膏板通过自攻螺钉与钢骨架相连形成墙柱体系。OSB 板外侧覆盖防潮的单向呼吸纸、有保温功能的 XPS 板以及墙面装饰材料，同时在由龙骨立柱与墙板构成的空腔内填充保温棉来增强保温效果。如图 1.7(b)所示，内墙主要由龙骨立柱、导轨和墙板组成，龙骨与墙板之间用自钻螺钉连接，并在龙骨空腔内填充保温棉。

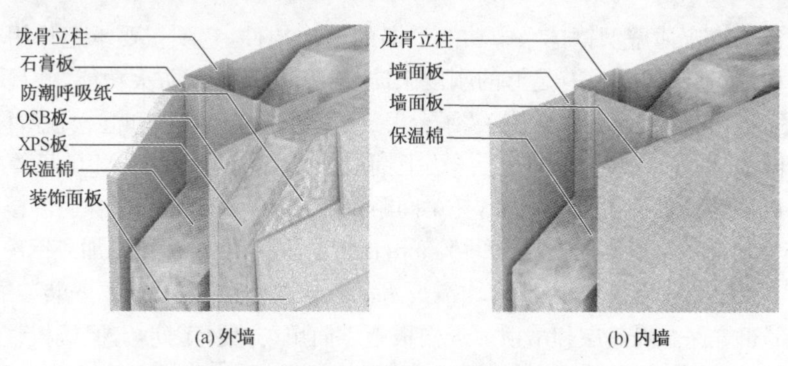

(a) 外墙　　(b) 内墙

图 1.7　典型墙柱体系

冷弯薄壁型钢结构基本构件主要有 U 型(普通槽钢)和 C 型(卷边槽钢)两种截面形式，承重构件的钢材可采用 Q235、Q345 钢或 LQ550 钢[5]，厚度为0.7～2.0 mm，通过螺钉将钢骨架与板材连接。墙板、楼板处可以开孔，使管道与电线暗埋于其中，不仅使室内美观便于布置，也可让多工种平行工作，提高施工效率。

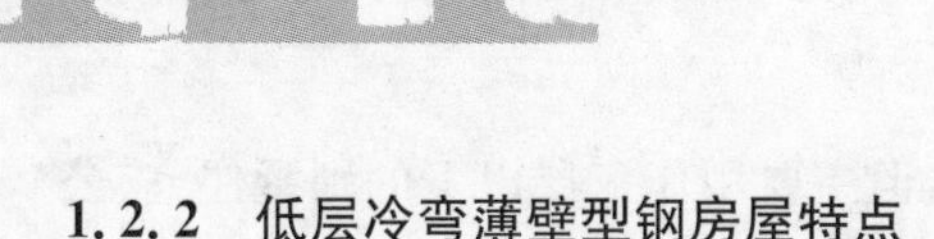

1.2.2　低层冷弯薄壁型钢房屋特点

与传统结构的村镇住宅相比，冷弯薄壁型钢结构住宅具有以下特点：

(1) 结构轻质高强。楼盖结构自重为传统混凝土楼板的 $\frac{1}{6}\sim\frac{1}{4}$，墙体采用冷弯薄壁型钢组合墙体，整体结构的自重仅为混凝土框架结构的$\frac{1}{4}\sim\frac{1}{3}$，为砖混结构的 $\frac{1}{5}\sim\frac{1}{4}$[6]。较小的自重使地震作用下产生的水平作用力小，且其自身刚度大，加上合理的结构构造方式可以达到理想的抗震效果，同时自重的减轻对地基承载力要求也相应降低，可减少地基造价。

(2) 建筑设计美观、空间利用率高。墙板结构四壁规整，无凹凸的结构构件，便于室内的空间布置，可按用户的需求设计出色彩鲜艳、立面丰富、具有现代化气息的建筑。由于是墙柱承重，建筑平面可自由分隔，布置大开间。管线暗埋于墙体及楼层结构中，布置方便，日后检修与维护简单。墙体厚度小，建筑内部实际使用面积大幅增加，提高了空间利用率。

(3) 住宅的居住舒适性高。冷弯薄壁型钢住宅采用新型建筑材料，防潮湿、防霉变、防虫蛀、不助燃，居住环境卫生健康，隔热和隔声性能好，外形美观，是良好的宜居场所。

(4) 施工便利、环保、周期短。工地施工主要为构件的安装，施工不受季节和天气的影响，施工现场混凝土湿作业少，不需要模板支架，工地垃圾少、噪声低，对环境的影响小。施工过程与传统的房屋施工相比降低了手工作业的强度，有利于控制施工质量和施工进度，减少了人力费的支出[7]。

(5) 节能、节地、节材。所采用的主要结构材料是钢材，自重轻，通过优化截面形式而不是增大截面面积来提高承载力，用钢量少，且钢材可回收利用，组合墙体所用的墙架钢柱、保温棉、石膏板取代了我国村镇大量使用的实心黏土砖，减少了水泥的使用，节约了不可再生资源。此外这种轻自重的结构体系使基础负担小，可建设在坡地、劣地，节约了土地资源。

(6) 有利于住宅产业化。冷弯薄壁型钢结构现场拼装，所用构件均可实行模数化设计、工厂标准化生产、市场化采购，配套性好，且避免了现场人工制作对质量的影响，有利于推动住宅建筑向工业化和产业化发展。

1.3　冷弯薄壁型钢房屋发展及应用现状

近 20 余年，冷弯薄壁型钢结构房屋体系(也称为冷弯薄壁型钢结构 CFSF 体

系)在欧美、澳洲、日本等国家得到广泛应用,但主要用作三层以下的别墅住宅、公寓及其他民用房屋。

冷弯薄壁型钢结构房屋体系源于传统的木结构房屋,从住宅产业化、环保、抗震防灾、加速房屋建造周期等因素考虑,国外采用 CFSF 房屋体系替代传统的木结构房屋[9]。

1.3.1 冷弯薄壁型钢结构房屋体系在国外的发展历史

自 1838 年起,俄、美、英等国先后采用压力机或冷拔机生产单件冷弯薄壁型钢;1910 年,美国首创辊式冷弯薄壁型工艺,建设了第一套辊式冷弯薄壁型机组,其后,英、德、法、捷等国相继建成了专业化生产的冷弯薄壁型机组,冷弯薄壁型钢的生产和应用进入到一个新的阶段[10]。

冷弯薄壁型钢在建筑领域中的应用始于 19 世纪 50 年代的英国和美国,并于 20 世纪 40 年代在欧美、澳大利亚等发达国家、地区开始得到广泛应用[1]。

1939 年,美国的康乃尔大学在乔治·温特教授领导下,开始对冷弯薄壁型钢结构进行研究。研究工作得到了美国钢铁协会(AISI)的资助,短短几年,温特教授取得了一系列的研究成果。1946 年,基于温特教授的研究成果,AISI 发行了允许应力设计(ASD)规范《冷弯薄壁型钢结构构件设计规范》,这也是世界上最早的关于冷弯薄壁型钢结构方面的规范和准则。正是这个规范的制定,为冷弯薄壁型钢在美国的推广和发展提供了设计依据。此后,AISI 分别于 1956 年、1960 年、1962 年、1968 年、1980 年和 1986 年对该规范进行了修订,以反映该技术的发展及不断研究所获得的成果。AISI 还于 1991 年发行了第一版荷载抗力系数设计(LRFD)规范,并在 1996 年将 ASD 和 LRFD 规范合并成一本规范。1999 年,AISI 发布了 1996 年版的补充;2005 年,AISI 又发布了修订版。美国将 AISI 相关冷弯薄壁型钢设计标准上升为国标,其中包括:《冷弯薄壁型钢结构总则》、《低层轻钢住宅指定性建造方法标准》、《冷弯薄壁型钢桁架设计标准》、《冷弯薄壁型钢过梁设计标准》、《冷弯薄壁型钢抗侧力体系设计标准》[8]。

加拿大标准协会(CSA)于 1967 年也发布了《冷弯薄壁型钢结构设计规程》。在轻钢龙骨结构低层住宅方面,加拿大有比美国更为细致的技术规范与手册,如加拿大薄壁钢建筑结构协会 CSSBI 发布的《轻钢住宅结构施工细则》、《轻钢住宅构件选样标准表》、《轻钢住宅结构设计指南》、《低层轻钢结构施工细则》等 。更为重要的是加、美两国成立了北美钢框架联盟(NASFA) ,最终实现了北美冷弯薄壁型钢结构设计标准的统一。

20 世纪 70 年代起,欧洲许多机构和私人公司对冷弯薄壁型钢构件、连接及结构体系进行了积极研究和开发。奥地利、捷克、法国、瑞典、英国、德国等都是最早形成冷弯薄壁型钢设计规范的国家。同时,欧洲钢结构协会(ECCS)完成了一些用于建筑冷弯薄壁型钢结构测试及设计的文件。20 世纪末,欧洲标准化委员会发行了用于冷弯薄壁型钢构件和钢板的欧洲规范 3 中的 1～3 部分(Eurocode3:Part1-3),这标志着欧洲在冷弯薄壁型钢结构方面也有了统一标准。

冷弯薄壁型钢结构技术在澳洲的发展主要是以澳大利亚和新西兰两国为主,澳大利亚的 Hancock 教授是继美国的温特教授之后又一位杰出的大师级人物。在他的主持领导下,澳洲于 1996 年统一了冷弯薄壁型钢结构技术标准("Australian Standards /New Zeal Standards on Cold-Formed Steel Structure",AS/NZS 4600 ,1996)。

亚洲冷弯薄壁型钢结构的发展始于 20 世纪 80 年代。进入 90 年代,日本加大了在这一领域的研究与开发。1995 年,日本钢材俱乐部成员以新日铁为首的 6 大钢铁企业联合开始研发冷弯薄壁型钢结构房屋体系(后称为 KC 技术体系)。2002 年,日本钢铁协会薄板轻钢委员会颁布了《薄板轻量型钢造建筑物设计手册》,此后上升为国家标准[9][10]。

1.3.2　冷弯薄壁型钢结构房屋体系在国外的应用现状

冷弯薄壁型钢是一种高效经济型材,具有质轻、构件强度高、刚度大、质量均匀、建造安装便捷、产业化程度高、防白蚁及腐蚀均好、材料可回收利用等诸多优点,因此在低层房屋建筑中被广泛使用。

美国在 1992 年初期,仅有 500 栋冷弯薄壁型钢住宅,1993 年建造了 15 000 栋,1996 年 75 000 栋,而 1998 年达到 12 万栋,2000 年达到 20 万栋的规模,约占住宅建筑总数的 20%,2002 年后约占住宅市场份额的 25%。为加快这种房屋体系在美国的应用,由全国住宅房屋研究中心(NAHBRC)、美国钢铁学会(AISI)和美国城镇住房开发部(DHUD)等机构,组织并编制了冷弯薄壁型钢结构房屋体系(1～3 层)设计、建造标准,并实现了设计标准化、图表化。冷弯薄壁型钢结构房屋体系经过十余年的应用与发展,作为三层以下低层建筑,无论从结构的安全可靠性,还是制造、安装各种工法已基本完善。在北美,这种结构还被越来越多地运用到多层建筑领域,图 1.8、图 1.9 为北美钢框架联盟(NASFA)及加拿大板钢材料建筑协会(CSSBI)在建的多层冷弯薄壁型钢住宅,另据住建部住宅中心考察报告称,北美冷弯薄壁型钢多层住宅已实施将近 300 万 m^2[8][11][12]。

在日本,冷弯薄壁型钢结构住宅(日本称薄板钢骨住宅)份额也呈逐年上升趋势。目前年建造数量都在一万栋以上,并被国家大力推广使用在独立式住宅、别墅、学生公寓、汽车旅馆、超市、儿童活动室、老人福利院、医务室等不同类型建筑。2002 年,日本的新日铁公司启动了多层冷弯薄壁型钢结构技术的研发。

图 1.8 NASFA 某多层冷弯薄壁型钢住宅

图 1.9 CSSBI 某多层冷弯薄壁型钢住宅

从全球范围看，多层冷弯薄壁型钢房屋体系在各国应用的实例不多，但从一些不完整资料或介绍中见到，北美地区已成功将冷弯薄壁型钢房屋体系用于三层以上的多层房屋住宅中。

1.3.3 冷弯薄壁型钢结构房屋体系在国内的发展和应用

与西方发达国家相比，我国冷弯薄壁型钢结构技术的发展起步较晚。20 世纪 80 年代初期，国内以西安冶金建筑学院（现西安建筑科技大学）的何保康教授、哈尔滨建筑工程学院（现哈工大）的张耀春教授为代表的一批钢结构领域的学者赴美国康奈尔大学师从乔治·温特教授，这是我国冷弯薄壁型钢结构领域研究的开端。从此，北美先进的冷弯型钢结构技术被引入我国。结合我国钢结构技术的实际，1987 年我国发布了第一部冷弯薄壁型钢结构设计标准《冷弯薄壁型钢结构技术规范》(GBJ 18—1987)，1998 年开始全面修订，并于 2002 年 9 月 27 日发布修订的《冷弯薄壁型钢结构技术规范》(GB 50018—2002)。新修订的规范为国家强制性标准，其中还增加了单层房屋设计中考虑蒙皮作用的设计原则。这是我国冷弯薄壁型钢结构技术领域最权威的标准，业内称为轻钢结构的“母规”。最近，据悉“母规”会得到补充，将扩大构件壁厚的适用范围。由于近年来冷弯薄壁型钢结构试验方面不断取得进展，原规范主要承重构件壁厚适用范围 2.0～6.0 mm 将可能扩展至 0.4～6.0 mm，这将是对“母规”的一个重大突破。此外，我国住房和城乡建设部于 2011 年 1 月 28 日发布了《低层冷弯薄壁型钢房屋建筑技术规程》(JGJ 227—2011)，该规程于 2011 年 12 月 1 日正式实施，亦可作为冷弯薄壁型钢结构设计、施工的技术参考[9][10]。

市场方面的发展落后于技术领域。20 世纪 80 年代中后期尽管一批学者从美国学成回国，又出台了冷弯薄壁型钢结构的国家标准，但市场并无大的发展，在沉寂近十年后的 90 年代中期才率先在工业厂房、仓库等工业建筑中开始使用门式刚架等冷弯薄壁型钢结构技术。这是一次遍及全国的门式刚架厂房热，包括门式刚架、冷弯型钢檩条、支撑、压型钢板屋面和墙面等冷弯薄壁型钢构件大量地被使用在这种新型结构厂房中。20 世纪末至 21 世纪初，一批国外成熟的低层冷弯薄壁型钢结构住宅技术进入中国，如日本的新日铁、澳洲的博思格、美国的华星顿等企业都开始涉足中国建筑市场。

近几年，随着住建部大力推行钢结构住宅政策，国内先后成立了多家专业从事冷弯薄壁型钢房屋设计、施工的企业，如上海美建钢结构有限公司、北新房屋有限公司、上海绿筑住宅系统科技有限公司、北京豪斯泰克钢结构有限公司、上海钢之杰钢结构建筑有限公司等。这些企业分别在全国多地建造了一批以日本新日铁工法和北美体系为代表的三层以下冷弯薄壁型钢房屋建筑，如图 1.10 所示。部分企业还从自身经营的考虑编写了企业标准，如：北新房屋有限公司于 2003 年编制的《薄板钢骨建筑体系技术规程》、上海绿筑公司于 2005 年编制的《低层冷弯薄壁型钢结构施工质量验收规程》等[10][11]。

图 1.10　国内建造的北美风格的轻钢房屋

目前，我国冷弯薄壁型钢房屋结构每平方米的建筑造价已从原来的 3 000 余元拉低至如今的 1 200 元。钢结构以外住宅市场如砖混一般造价为 800～1 000 元/m^2、钢筋混凝土结构住宅为 1 000～1 200 元/m^2。近年来我国经济持续快速发展，“三农”问题的解决、农业税的取消等都将使得劳动力成本不断上升成为必然趋势。这对于产业化程度高的冷弯薄壁型钢建筑而言，成本的竞争力反而呈现增强的趋势，加上该技术建设工期大大缩短，又将大幅降低项目的整体运行成本，因此，与传统住宅结构相比，冷弯薄壁型钢房屋建筑的综合经济效益日益凸显，所以从加快我国住宅建设产业化进程的角度出发，编制一套适合我国的冷弯薄壁型钢房屋国家标准和行业标准是必要而迫切的。

1.4　钢结构建筑抗震性能及震害实例

钢结构自从其诞生之日起就被认为具有卓越的抗震性能，原因在于：

(1) 钢材具有轻质高强的特性。由于钢材强度高,在相同荷载作用下,钢结构构件截面面积远小于混凝土及砌体结构构件,因此,钢结构房屋重量较轻,如:一般的冷弯薄壁型钢结构房屋的重量仅为传统混凝土房屋的$\frac{1}{6}$。根据牛顿第二定律($F=ma$),建筑物所受的地震作用等于建筑物的质量与地面往复运动的加速度的乘积,因此,建筑物质量越大,其地震作用就越大,所以钢结构所受地震作用明显小于传统的混凝土及砌体结构。

(2) 钢材是各向同性材料,材质均匀,强度、质量易于得到保证,因此钢结构的可靠性高。

(3) 钢材延性好,材料在达到屈服强度后不会迅速破坏,而是在经历明显的不可恢复的塑性变形后强度方开始出现下降,这就使得钢结构本身具有大变形的能力,并且即使在很大的变形下仍不易倒塌,从而保证结构的抗震安全性。

因此,总体而言,在同等场地、烈度条件下,钢结构建筑的震害明显小于传统钢筋混凝土结构以及砌体结构,这在以往的地震震害中已得到证明[14][15],如:1976 年我国唐山大地震(里氏 7.8 级)后对唐山钢铁厂的震害调查显示,总面积3.67 万 m^2 的全钢结构建筑没有发生倒塌和严重破坏,中等破坏(主要是支撑失稳和围护墙倒塌)的占 9.3%;总面积 4.06 万 m^2 的钢筋混凝土结构建筑倒塌和严重破坏的占 23.2%,中等破坏的占 47.9%;总面积 3.09 万 m^2 的砌体结构厂房,倒塌和严重破坏占 41.2%,中等破坏占 20.9%。此外,1985 年的墨西哥大地震(里氏 8.1 级)中,在 1957 年以后建造的钢结构建筑有 3 栋发生倒塌,1 栋产生严重破坏,而钢筋混凝土结构建筑仅倒塌建筑便超过 50 栋。类似的对比数据在 2008 年汶川地震和 2013 年四川省庐山地震中亦得以体现,这即揭示了钢结构抗震性能良好的一面,也表明即使是钢结构建筑,如果在建筑设计、材料选用、施工制作和维护等方面出现问题,在地震中同样会发生破坏,因此需要重视钢结构可能发生震害的一面。

在以往的地震震害中,观察到的钢结构建筑震害现象大体可以分为节点破坏、柱脚破坏、构件破坏、结构整体破坏和非结构构件破坏等五种类型。

1.4.1 节点及柱脚破坏

节点破坏分为节点连接破坏和节点域破坏两种形式,前者还可分为梁柱连接破坏和支撑在梁柱节点处的破坏两种形式。1994 年美国 Northridge 地震和 1995 年日本阪神地震造成了很多梁柱刚性连接破坏。震害调查发现,梁柱的连接破坏大多数发生在梁的下翼缘处,而上翼缘的破坏要少得多,此外,在连接处还发现有少量柱端焊缝断裂破坏,如图 1.11 所示。裂缝主要出现在下翼缘,是因为梁上翼缘有楼板加强,且上翼缘焊缝无腹板妨碍施焊,同时,焊缝存在缺陷,特别是下翼缘梁端现场焊缝中部,因腹板妨碍焊接和检查,出现不连续。此外,梁端焊缝通过孔边缘出现应力集中,引发裂缝,向平材扩展。

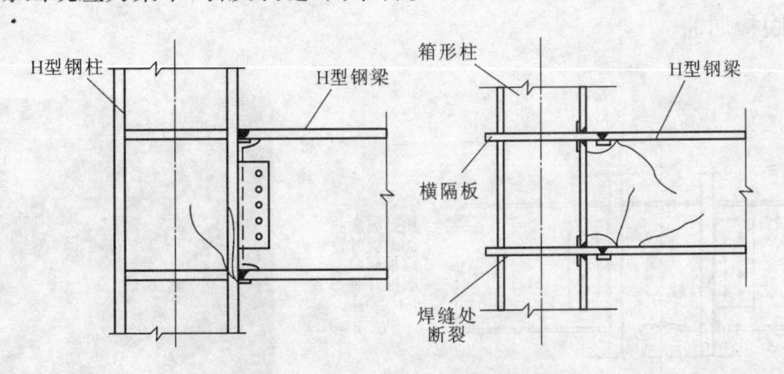

图 1.11　梁柱刚性连接的震害示意

图 1.12 是日本阪神地震的节点破坏实例,其中,图 1.12(a)、图 1.12(b)是梁柱节点处立柱顶端焊缝发生断裂;图 1.12(c)中柱子腹板上的孔槽是支撑杆件的连接节点板连同柱子腹板一起被拉掉所致;图 1.12(d)是梁柱节点处梁端焊缝发生断裂;图 1.12(e)是梁柱节点处的梁端连接螺钉破坏。上述节点震害可能与施工中焊接不良有关,同时也与节点的传力集中、构造复杂等自身根本性缺陷不无关系[14]。

(a) (b) (c) (d) (e)

图 1.12　钢结构节点震害实例

节点域的主要震害形式包括:加劲板屈曲、加劲板开裂、腹板屈曲及腹板开裂等,如图 1.13 所示。图 1.14 为汶川地震时,汉旺镇东汽厂某厂房某轻钢厂房梁柱节点区腹板屈曲。

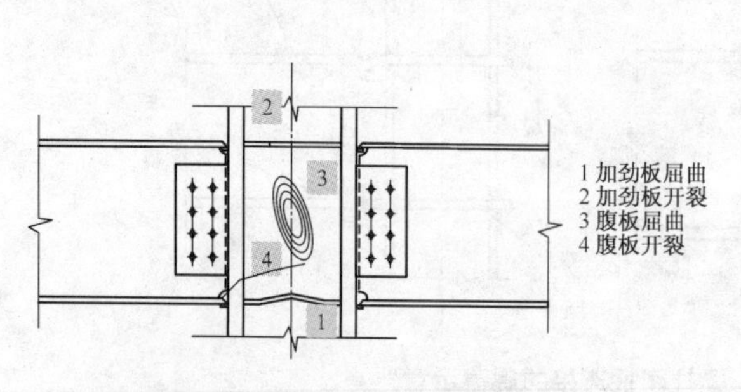

图 1.13　梁柱节点域震害示意

图 1.14　梁柱节点域震害实例

钢结构柱脚震害的主要形式有:柱脚螺栓拉断、柱脚锚固破坏、柱脚断裂等。图 1.15给出钢结构柱脚震害的几个实例,其中,图 1.15(a)为阪神地震某柱脚锚固破坏及柱脚断裂,图 1.15(b)为阪神地震某柱脚锚栓破坏,图 1.15(c)为汶川地震某钢筋混凝土柱与屋架连接部位螺栓失效、混凝土压碎[16]。柱脚破坏的主要原因可能是设计中未预料到地震时柱将产生相当大的拉力,以及地震开始时存在竖向震动。

(a)　(b)　(c)

图 1.15　钢结构柱脚震害实例

1.4.2　构件破坏

钢结构的主要受力构件包括梁、柱及支撑等,其中,梁的主要震害包括:翼缘屈曲、腹板屈曲、腹板裂缝、截面扭转屈曲等,如图 1.16 所示;柱的主要震害包括:翼缘屈曲、拼接处裂缝、翼缘层状撕裂及脆性断裂等,如图 1.17 所示。

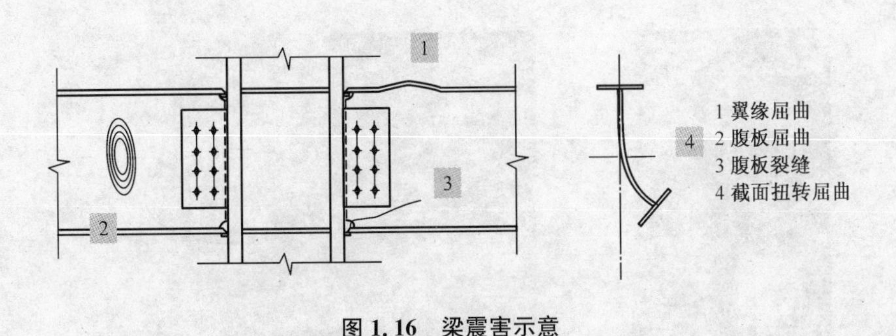

1
2
3
4
1 翼缘屈曲
2 腹板屈曲
3 腹板裂缝
4 截面扭转屈曲

图 1.16　梁震害示意

2
1
3
4
1 翼缘屈曲
2 拼接处裂缝
3 翼缘层状撕裂
4 脆性断裂

图 1.17　柱震害示意

图 1.18 为日本阪神地震钢结构梁、柱构件破坏的若干实例[16][17]。图1.18(a)为钢柱发生母材脆性受拉断裂；图 1.18(b)为钢柱在节点偏上部位发生母材脆断，裂缝通向斜撑。上述钢柱脆性断裂的原因可能是：竖向地震及倾覆力矩使钢柱产生很大拉力，且地震时为日本的严冬期，钢柱位于室外，钢材温度低于零度，材性偏于脆性。图 1.18(c)是圆钢柱底部附近局部屈曲破坏；图 1.18(d)可以观察到钢桁架下弦杆发生断裂。

钢结构支撑震害的主要形式包括受拉断裂、受压屈曲、节点板拉断、节点板压屈等。图 1.19 给出钢结构支撑震害的若干实例[16][17]，其中，图 1.19(a)是日本阪神地震某斜向支撑受压屈曲；图 1.19(b)是阪神地震某斜向支撑断裂；图1.19(c)是汶川地震时漩口镇阿坝铝厂某厂房柱间支撑拉杆断裂，压杆屈曲；图1.19(d) 是

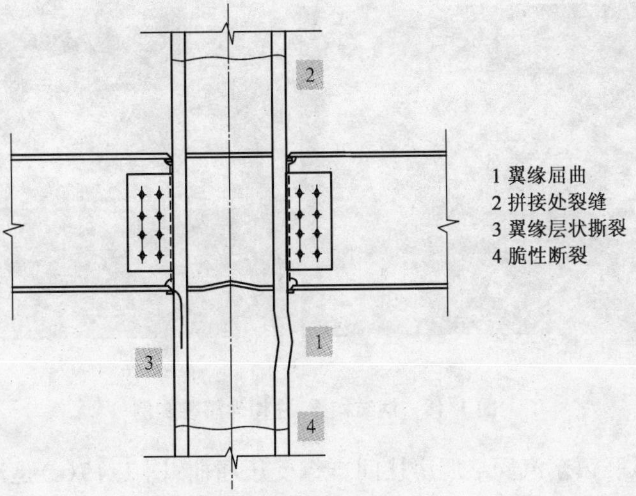

(a) (b) (c) (d)

图 1.18 钢结构梁、柱构件震害实例

汶川地震时汉旺镇东汽厂某厂房柱间支撑受压屈曲;图 1.19(e)是汶川地震东汽厂某厂房柱间支撑受压屈曲细部;图 1.19(f)为汶川地震东汽厂某厂房屋架下弦支撑屈曲。

(a) (b) (c)

(d)　(e)　(f)

图 1.19　钢结构支撑构件震害实例

1.4.3　结构整体破坏及围护结构破坏

一般来讲，钢结构较难发生整体破坏。1995 年日本阪神地震中发现有少量钢结构建筑在首层发生整体破坏，有的则在中间层发生整体破坏，究其原因，主要是结构刚度沿高度分布不均匀，造成底层或者中间层形成薄弱层，从而发生薄弱层整体破坏现象。汶川地震中部分钢结构厂房出现屋盖整体坍塌，这主要是屋盖的设计构造、材料质量、施工质量等方面出现问题所致。图 1.20 给出钢结构整体破坏的若干实例，其中，图 1.20(a)是阪神地震中由于底层支撑系统破坏导致的某钢结构框架破坏；图 1.20(b)是汶川地震漩口镇某厂房轻钢屋架塌落[16]。

(a)　(b)

图 1.20　钢结构整体破坏实例

此外，值得注意的是，在以往的地震震害中，许多钢结构建筑具有较大的承载能力和变形能力，在大震中并未发生破坏，但其连接在结构构件上的墙板、楼面板、屋面板或者门窗等非结构构件遭受破坏。图 1.21 为汶川地震中若干钢结构厂房的非结构构件破坏实例[16]，其中，图 1.21(a)是汉旺东汽厂某厂房轻钢屋面板掉落，同时也可观察到檩条明显破坏；图 1.21(b)是汉旺东汽厂另一厂房轻钢屋面板掉落；图 1.21(c)、(d)是某厂房轻型钢板围护墙掉落。上述非结构构件破坏的主要原因是这些构件本身强度不够，或者其变形追随性较差，也可能是由于连接失效所致。

(a) (b) (c) (d)

图 1.21　钢结构非结构构件震害实例

本章参考文献

[1] 于炜文. 冷成型钢结构设计(董军，夏冰青译)[M]. 北京：中国水利水电出版社，2003

[2] 何保康，李风，丁国良. 冷弯型钢在房屋建筑中的应用与发展[J]. 焊管，2002(5)：8-11

[3] 曲鹏远，刘永娟，孙长江，等. 冷弯薄壁型钢的应用与研究现况[J]. 建筑钢结构，2008(12)：39-42

[4] 朱宁海，王东，赵瑜. 轻型钢结构建筑构造设计[M]. 南京：东南大学出版社，2003

[5] 连续热镀锌钢板及钢带(GB/T 2518—2008)[S]. 北京:中国标准出版社,2008
[6] 周绪红,石宇,周天华,等. 低层冷弯薄壁型钢结构住宅体系[J]. 建筑科学与工程学报,2005,22(2):1-14
[7] 段君瑛. 冷弯薄壁型钢结构房屋及其在我国的发展应用[J]. 山西建筑,2008,34(20):1-14
[8] Yu W W, Senne J H. Recent Research and Development in Cold－Formed Steel Structures [M]. University of Missouri - Rolla, 1984
[9] 何保康,周天华. 多层薄板轻钢房屋体系可行性报告(结构部分)[J]. 住宅产业,2007,(8):39-45
[10] 梁小青,杨家骥,刘贵平,等. 多层轻钢住宅课题研究主报告——冷成型钢结构技术发展概况[J]. 住宅产业,2007,(8):25-26
[11] 南晶晶,凌利改,田国平. 冷弯型钢在国内外的发展及其在建筑结构中的应用[J]. 水利与建筑工程学报,2009,7(2):117-119
[12] 刘雁,Dean Peyton, Bret Brasher,等. 北美地区冷成型轻钢结构的应用[J]. 钢结构,2009,24(3):1-5
[13] 赵月明,许超,曹宝珠,等. 轻钢龙骨结构住宅体系的发展和应用[J]. 吉林建筑工程学院学报,2010, 27(1):37-39
[14] 周云,张文芳,宗兰,等. 土木工程抗震设计[M]. 北京:科学出版社,2011
[15] 周德源,张晖,施卫星,等. 建筑结构抗震技术[M]. 北京:化学工业出版社,2006
[16] 李英民,刘立平. 汶川地震建筑震害与思考[M]. 重庆:重庆大学出版社,2008
[17] 中国建筑科学研究院. 2008 年汶川地震建筑震害图片集[M]. 北京:中国建筑工业出版社,2008

第二章 材料及其力学性能

2.1 冷弯薄壁型钢力学性能

用于冷弯薄壁型钢的钢材在结构构件性能中起着重要作用,因此设计冷弯薄壁型钢结构构件之前,熟悉结构构件中的钢片、钢带、钢板、扁钢的力学性能很重要。

2.1.1 材料选用

冷弯薄壁型钢房屋承重结构所用钢材主要是碳素结构钢和低合金结构钢两种,钢材选用应符合下列规定[1][3]:

(1) 用于低层冷弯薄壁型钢房屋承重结构的钢材,应采用符合现行国家标准《碳素结构钢》(GB/T 700)[4]、《低合金高强度结构钢》(GB/T 1591)[5]规定的 Q235 级、Q345 级钢材,或符合现行国家标准《连续热镀锌钢板及钢带》(GB/T 2518)[6]和《连续热镀铝锌合金镀层钢板及钢带》(GB/T 14978)[7]规定的 550 级钢材。当有可靠依据时,可采用其他牌号的钢材,但应符合相应有关国家标准的规定。

(2) 用于低层冷弯薄壁型钢房屋承重结构的钢材,应具有抗拉强度、伸长率、屈服强度、冷弯试验和硫、磷含量的合格保证;对焊接结构,尚应具有碳含量的合格保证和冷弯试验的合格保证。

(3) 在技术经济合理的情况下,可在同一结构中采用不同牌号的钢材。

(4) 用于低层冷弯薄壁型钢房屋承重结构的钢带或钢板的镀层标准应符合现行国家标准《连续热镀锌钢板及钢带》(GB/T 2518)和《连续热镀铝锌合金镀层钢板及钢带》(GB/T 14978)的规定。

(5) 在低层冷弯薄壁型钢房屋的结构设计图纸和材料订货文件中,应注明所采用的钢材的牌号、质量等级、供货条件等以及连接材料的型号(或钢材的牌号)。必要时尚应注明对钢材所要求的机械性能和化学成分的附加保证项目。

2.1.2 设计指标

按《低层冷弯薄壁型钢房屋建筑技术规程》(JGJ 227—2011)[2]规定,冷弯薄壁型钢房屋承重结构所用钢材强度设计值应按表 2.1 的规定采用。

表 2.1　冷弯薄壁型钢钢材的强度设计值　　　　单位:MPa

钢材牌号	钢材厚度 t(mm)	屈服强度 f_y	抗拉、抗压和抗弯 f	抗剪 f_v	端面承压(磨平顶紧)f_{ce}
Q235	$t \leqslant 2$	235	205	120	310
Q345	$t \leqslant 2$	345	300	175	400
LQ550	$t < 0.6$	530	455	260	
	$0.6 \leqslant t \leqslant 0.9$	500	430	250	
	$0.9 < t \leqslant 1.2$	465	400	230	
	$1.2 < t \leqslant 1.5$	420	360	210	

注:本手册中的 550 级钢材定名为 LQ550。

根据《冷弯薄壁型钢结构技术规范》(GB 50018—2002)[1],用于冷弯薄壁型钢房屋结构的钢材物理性能应符合表 2.2 的规定。

表 2.2　冷弯薄壁型钢钢材的物理性能

弹性模量 E (MPa)	剪变模量 G (MPa)	线膨胀系数 α (以每℃计)	质量密度 ρ (kg/m³)
206×10^3	79×10^3	12×10^{-6}	7850

除此之外,冷弯薄壁型钢钢材的屈服点、抗拉强度及应力-应变曲线等力学性能也可以参考现行国家标准《金属材料拉伸试验第 1 部分:室温试验方法》(GB/T 228)[8]给出的标准试验确定。

首先将钢材试样进行机加工采样,对每种规格的钢材随机截取若干段,每段钢材加工为一个矩形横截面非比例试件。试样的夹持头部一般比其平行长度部分宽(图 2.1)。试样头部与平行长度之间应有过渡半径至少 20 mm 的过渡弧相连接。头部宽度应$\geqslant 1.2b_0$,b_0 为试样原始宽度。试样夹持端的形状应适合试验机的夹头(图 2.2)。试样轴线应与力的作用线重合。

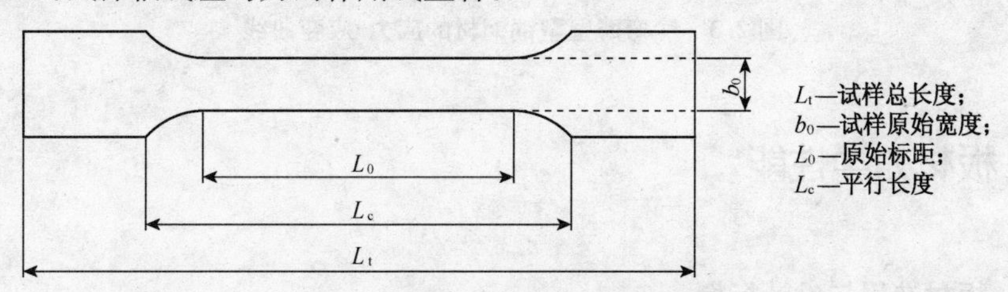

图 2.1　钢材试件的矩形横截面试样

试验速率的控制方法参考现行国家标准《金属材料拉伸试验第 1 部分：室温试验方法》(GB/T 228)中的相关规定。原则上，在弹性范围内，试验机夹头的分离速率应尽可能保持恒定，应力速率应控制在 6～60 $N/mm^2 \cdot s^{-1}$的范围内；在塑性范围内应变速率不应超过0.002 5/s。

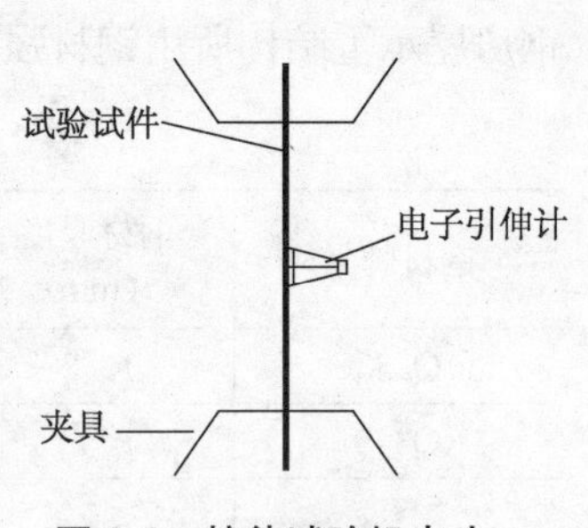

图 2.2　拉伸试验机夹头装置简图

通过试验可以得到冷弯薄壁型钢的应力-应变曲线，如图 2.3 所示，一类是由 Q235 和 Q345 钢材拉伸试验得到的应力-应变曲线，见图 2.3(a)，另一类为 LQ550 钢材拉伸试验得到的应力-应变曲线，见图 2.3(b)。根据试验曲线，得到相应的屈服强度、抗拉强度、弹性模量等相关参数。其中，图 2.3(a)中的屈服强度指的是下屈服强度，即不计初始瞬时效应时屈服阶段中的最小力所对应的应力；抗拉强度为相应最大力所对应的应力；弹性模量为应力-应变曲线初始直线段的斜率。图 2.3(b)中的屈服强度采用残余变形法确定[9]，即取平行于初始直线部分、偏移特定应变值的直线，直线与应力-应变曲线的交点相对应的应力值就为屈服强度，偏移值为残余应变的 0.2%。抗拉强度为相应最大拉力所对应的应力；弹性模量为应力-应变曲线初始直线段的斜率。

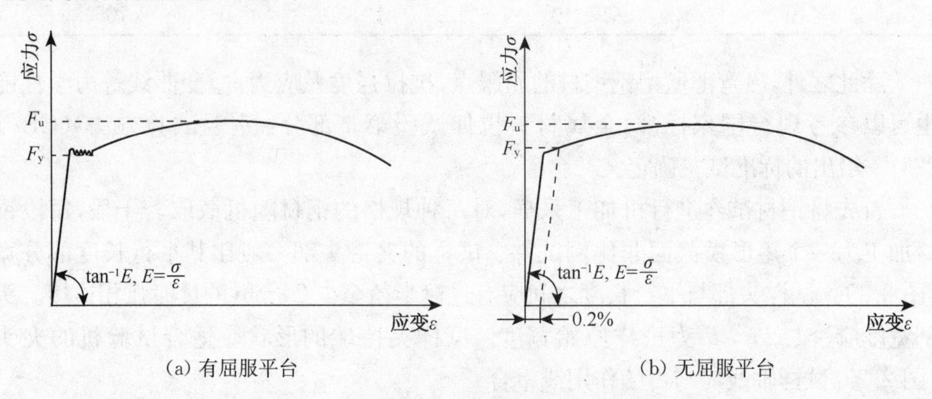

图 2.3　冷弯薄壁型钢钢材的应力-应变曲线

2.2　板材力学性能

2.2.1　板材选用与设计指标

板材可采用纸面石膏板、硅酸钙板、玻镁板、OSB 板、ALC 板等，板材的规格和性能应符合现行国家标准《纸面石膏板》(GB/T 9775—2008)[10]、《纤维增强硅酸钙板》(JC/T 564—2008)[11]、《氧化镁板》(CNS 14164—2008)[12]、《定向刨花板》(LY/T 1580—2010)[13]、《蒸压加气混凝土板》(GB 15762—2008)[14]以及《室内装饰装修材料 人造板及其制品中甲醛释放限量》(GB 18580—2001)[15]的规定和设计要求。如有可靠依据，也可采用其他替代材料。

板材的力学性能可参考东南大学叶继红教授课题组的试验数据[16]，见表 2.3，x 轴沿板材的长边方向，见图 2.4。静曲强度是确定试件在最大荷载作用时的弯矩和抗弯截面模量之比；弹性模量与剪切模量是确定试件在材料的弹性极限范围内，荷载(弯矩或剪力)产生的应力与应变之比；泊松比是材料横向应变与纵向应变的比值，也叫横向变形系数，它是反映材料横向变形的弹性常数。

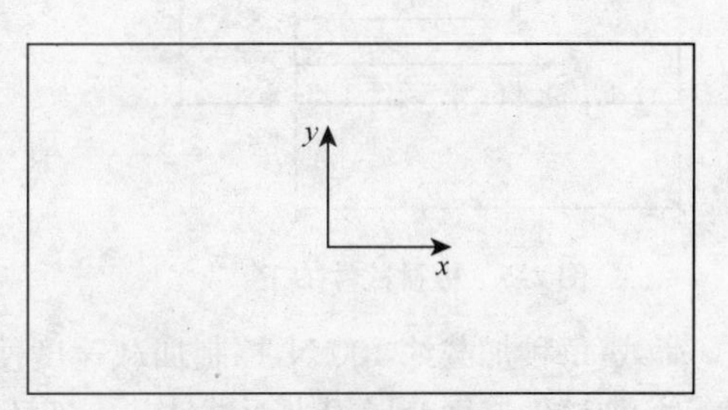

图 2.4　板材几何示意图

表 2.3　板材的力学性能

板材类型	板材厚度(mm)	弹性模量(MPa)		静曲强度(MPa)		剪切模量(MPa)		泊松比	
		E_x	E_y	σ_x	σ_y	G_x	G_y	μ_x	μ_y
纸面石膏板	12	3 667	3 641	6.61	3.91	128	240	0.20	0.19
硅酸钙板	12	8 715	7 685	19.05	12.78	293	231	0.24	0.22
玻镁板	12	3 002		7.48		444	375	0.16	0.18
OSB 板	18	3 234		13.26		200	188	0.20	0.19
ALC 板	50	770.4	—	1.23	—	—	—	—	—

2.2.2　测试方法

依据国家现行标准《人造板及饰面人造板理化性能试验方法》[17]进行板材的三点弯折试验，测试弹性模量、静曲强度和剪切模量，试验装置见图 2.6，泊松比可根据其定义用图 2.7 所示的装置测得。对于表 2.3 中未给出参考值的板材，可根据该规范自行测试。试验前，首先对每种板材随机截取三段边长为 500 mm×500 mm 的矩形试样，每段试样加工为两个(x、y 向各一个)矩形试件，每种板材共 6 个试件，试件加工图如图 2.5 所示。

进行三点弯折试验时，试件放置于两端支座上，在试件中部作用一向下的集中

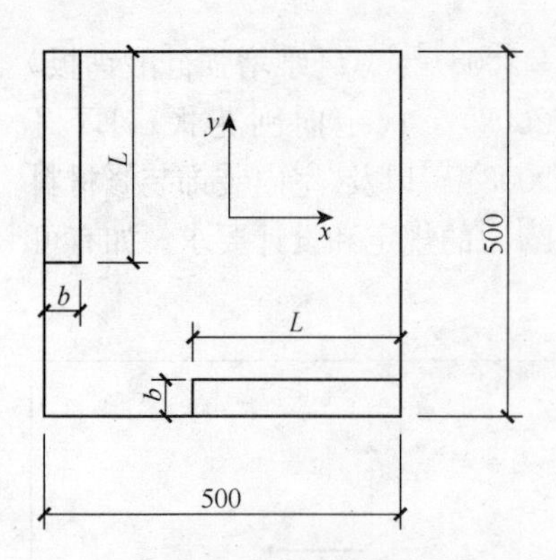

图 2.5　板材试件加工

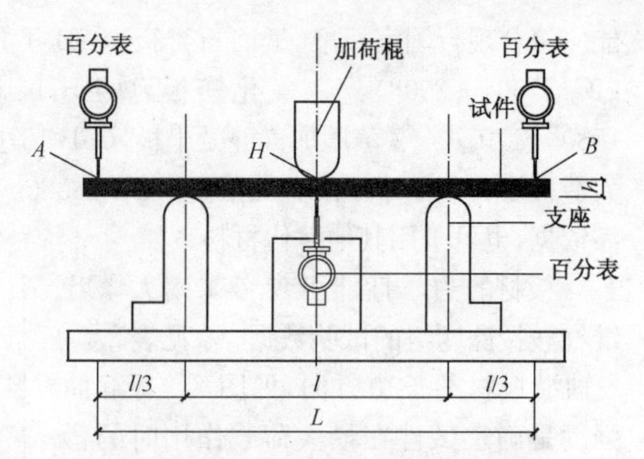

图 2.6　板材三点弯折试验示意

荷载，每秒加载约 100 N，控制加载速度使试件在(60±30)s 内破坏。测定静曲强度时，如试件挠度变形很大而试件并未破坏，则应减小两支座间距离。同时测定试件中部 H 处(加荷棍正下方)挠度和相应荷载值，测试剪切模量时还需记录自由端 A 或 B 处的挠度，然后绘制载荷位移曲线图，记下试件破坏时的最大载荷值，精确至 10 N。对每个测试试件，取其荷载-位移曲线线性阶段的测试数据，代入式(2.1)、式(2.2)和式(2.3)分别计算弹性模量、静曲强度和剪切模量，再将所得结果取平均值，得到该试件的力学性能参数。按照上述试验分析过程所得各类板材的力学性能见表 2.3，硅酸钙板、玻镁板与 OSB 板在不同方向取样的试件测试数据相近，可视为各向同性板。

试件的弹性模量：

$$E_b = \frac{l^3}{4bh^3} \cdot \frac{\Delta P}{\Delta s_H} \tag{2.1}$$

式中　E_b—— 试件的抗弯弹性模量；

l—— 两支座间的距离；

b—— 试件宽度；

h—— 试件厚度；

ΔP—— 荷载增量；

Δs_H—— 试件中点位移增量。

试件的静曲强度：

$$\sigma_b = \frac{3P_{max}l}{2bh^2} \tag{2.2}$$

式中　σ_b—— 试件的静曲强度；

P_{max}—— 试件破坏时的最大荷载。

试件的剪切模量：

$$G_{xy} = \frac{kl}{2bh} \cdot \frac{\Delta P}{\Delta s} \tag{2.3}$$

式中 G_{xy} ——试件的剪切模量；

k ——修正系数，对于矩形截面取 $k=1.2$；

Δs ——位移差增量，$\Delta s=\Delta s_H-\Delta s_A$；

Δs_A ——试件自由端 A 点位移。

测试泊松比时(图 2.7)，试件两端通过自攻螺钉与 C 型钢连接，C 型钢通过螺栓与施加荷载的夹板连接，调整板用于填补夹板与 C 型钢之间的空隙，在试件两面中部布置横向和纵向应变片共 8 个，加载时记录试件中部应变。对每个测试试件，取其横向-纵向应变曲线线性阶段的测试数据，代入式 2.4 中计算泊松比，再将所得结果取平均值。按照上述试验分析过程所得各类板材的泊松比见表 2.3。

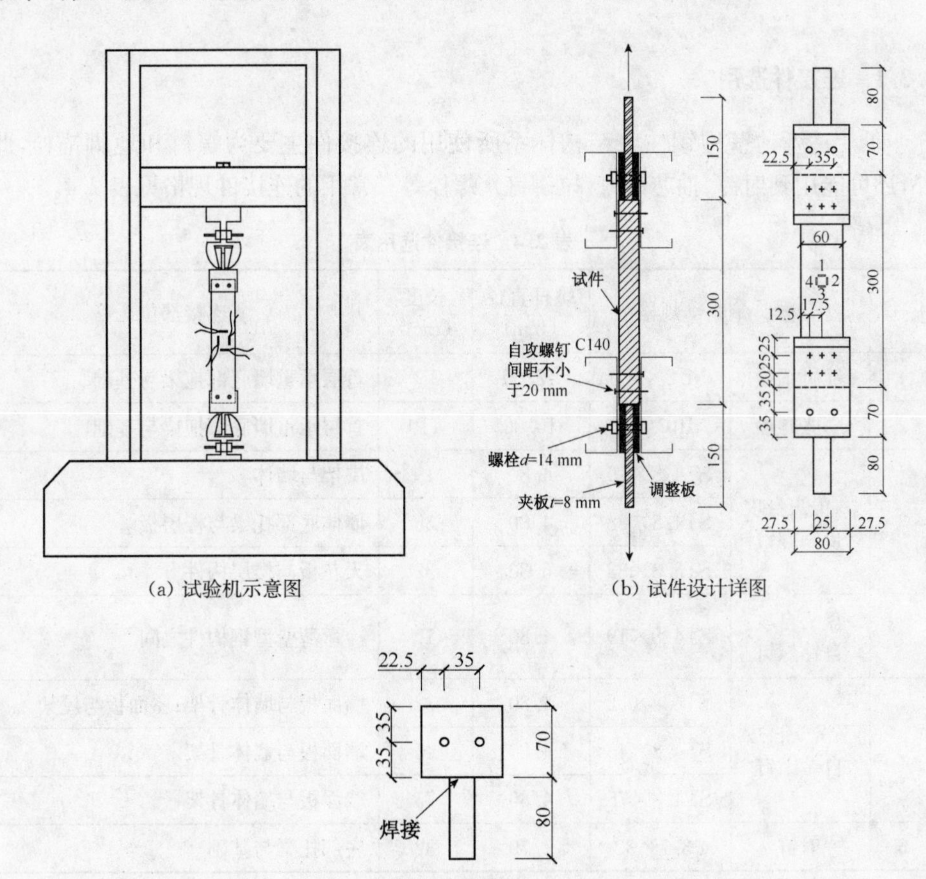

图 2.7 泊松比测试装置图

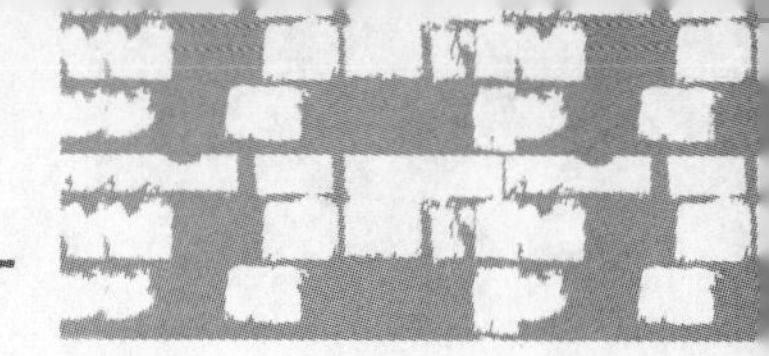

试件的泊松比：

$$\mu=\frac{\varepsilon_1+\varepsilon_3+\varepsilon_5+\varepsilon_7}{\varepsilon_2+\varepsilon_4+\varepsilon_6+\varepsilon_8} \tag{2.4}$$

式中 μ—— 试件的泊松比；

ε_1、ε_3、ε_5、ε_7—— 试件中部的横向应变；

ε_2、ε_4、ε_6、ε_8—— 试件中部的纵向应变。

2.3 连接件力学性能

2.3.1 连接件选用

低层冷弯薄壁型钢住宅结构体系所使用的连接件主要为螺钉和地脚锚栓，此外，还可能用到射钉、抽芯铆钉(拉铆钉)、螺栓等。常用的连接件规格见表 2.4。

表 2.4 连接件选用表

序号	名称	规格	螺杆直径(mm)	长度(mm)	连接部位
1	地脚锚栓	M12×350	12.00	350	首层承重墙底部拖梁与基础
2	膨胀螺栓	M10×110	10.00	110	首层承重墙底部拖梁与基础
3	六角头自攻自钻螺钉	ST4.8×19	4.80	19	屋架与墙体
		ST4.8×38	4.80	38	墙体底部托梁与楼层板
		ST6.3×32	6.30	32	天花板与楼层构件
4	盘头自攻自钻螺钉	ST4.8×19	4.80	19	冷弯薄壁型钢构件之间
5	平沉头自攻自钻螺钉	ST4.8×32	4.80	32	墙面板与墙体骨架;屋面板与屋架
		ST4.8×45	4.80	45	墙面板与墙体骨架
		ST4.8×75	4.80	75	墙面板与墙体骨架
6	射钉	φ3.7×32	3.70	32	底部托梁与基础

注:螺钉长度指从钉头的支撑面到尖头末端的长度。

(a) 冷弯薄壁型钢构件之间及其与建筑板材间的连接一般采用自攻、自钻螺钉，且应符合现行国家标准《自攻自钻螺钉》(GB/T 15856.1～GB/T 15856.5)[18]或《自攻螺钉》(GB/T 5282～GB/T 5285)[19]的规定。自攻螺钉的钻头形式有自钻和自攻两种(图 2.8)，螺钉的头部有六角头、圆头、平头、喇叭头、沉头等形式。自攻自钻螺钉用于 0.75 mm 厚度以上的钢板之间的连接，自攻螺钉用于石膏板等建筑板材与 0.75 mm 厚度以下的钢板之间的连接。

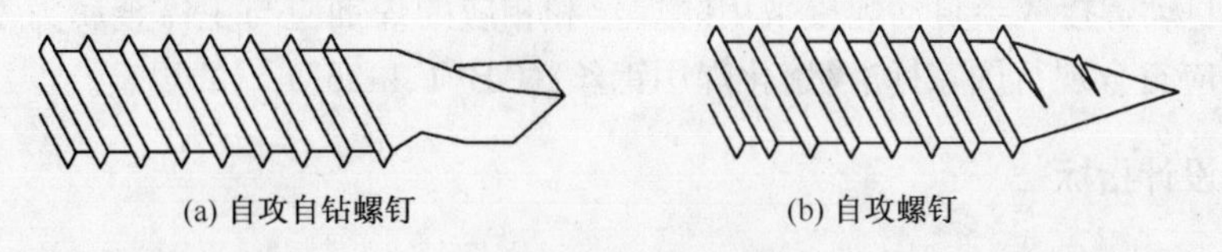

图 2.8　螺钉尖头形式

采用自攻螺钉连接时，自攻螺钉的钉头应靠近较薄的构件一侧，并至少有 3 圈螺纹穿过连接构件，如图 2.9 所示。自攻螺钉的中心距和端距不小于 3 倍的螺钉直径，边距不小于 1.5 倍自攻螺钉直径。受力连接中的螺钉连接数不得少于 2 个。

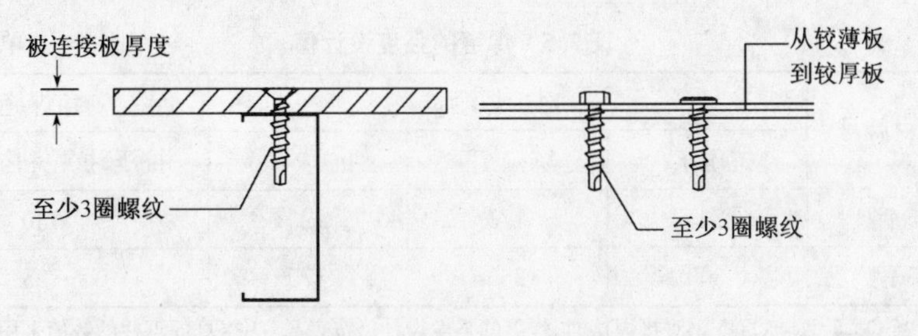

图 2.9　自攻螺钉连接示意图

(b) 普通螺栓应符合现行国家标准《六角头螺栓 C 级》(GB/T 5780)[20] 的规定，其机械性能应符合国家标准《紧固件机械性能 螺栓、螺钉和螺柱》(GB/T 3098.1)[21] 的规定。锚栓可采用现行国家标准《碳素结构钢》(GB/T 700)[4] 规定的 Q235 钢或《低合金高强度结构钢》(GB/T 1591)[5] 规定的 Q345 钢。

冷弯薄壁型钢 U 型底梁与混凝土基础通过地脚锚栓连接时，地脚锚栓离房屋拐角或门洞边的水平距离不应大于 300 mm；地脚锚栓的直径不宜小于 M12，宜选用下部带弯钩的螺杆，螺杆在混凝土基础中平直部分的长度不宜小于 $20d$(d 为锚栓直径)。

(c) 抽芯铆钉应采用现行国家标准《标准件用碳素钢热轧圆钢》(GB/T 715)[22] 中规定的 BL2 或 BL3 号钢制成，同时符合现行国家标准《抽芯铆钉》(GB/T 12615～GB/T 12618)[23] 的规定。

(d) 射钉应符合现行国家标准《射钉》(GB/T 18981)[24] 的规定。

此外，冷弯薄壁型钢结构也可以通过焊接方式将多根单 C 型、U 型构件拼合成一个构件，形成如工字形、箱形等拼合截面。焊接采用的材料应符合下列要求：

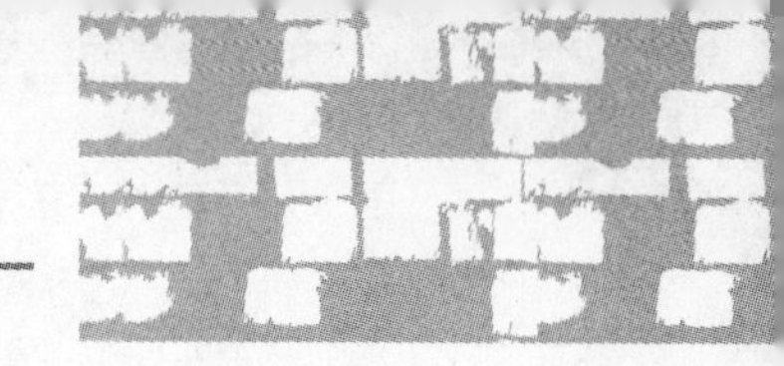

① 手工焊接采用的焊条，应符合现行国家标准《碳钢焊条》(GB/T 5117)[25]或《低合金钢焊条》(GB/T 5118)[26]的规定。选择的焊条型号应与主体金属力学性能相适应。

② 自动焊接或半自动焊接采用的焊丝和相应的焊剂应与主体金属力学性能相适应，并应符合现行国家标准《熔化焊用钢丝》(GB/T 14957)[27]的规定。

2.3.2 设计指标

(a) 焊接设计指标

焊缝的强度设计值应按现行国家标准《冷弯薄壁型钢结构技术规范》(GB 50018)[1]的规定采用，如表 2.5 所示；电阻点焊每个焊点的抗剪承载力设计值，应按现行国家标准《冷弯薄壁型钢结构技术规范》(GB 50018)[1]的规定采用，如表 2.6所示。

表 2.5 焊缝的强度设计值　　单位：MPa

构件钢材牌号	对接焊缝			角焊缝
	抗压 f_c^w	抗拉 f_t^w	抗剪 f_v^w	抗压、抗拉和抗剪 f_f^w
Q235 钢	205	175	120	140
Q345 钢	300	255	175	195

注：1. 当 Q235 钢与 Q345 钢对接焊接时，焊缝的强度设计值按表 2.5 中 Q235 钢栏的数值采用。
2. 经 X 射线检测符合一、二级焊缝质量标准的对接焊缝的抗拉强度设计值采用抗压强度设计值。

表 2.6 电阻点焊的抗剪承载力设计值

相焊板件中外层较薄板件的厚度 t(mm)	每个焊点的抗剪承载力设计值 N_v^s (kN)	相焊板件中外层较薄板件的厚度 t(mm)	每个焊点的抗剪承载力设计值 N_v^s (kN)
0.4	0.6	2.0	5.9
0.6	1.1	2.5	8.0
0.8	1.7	3.0	10.2
1.0	2.3	3.5	12.6
1.5	4.0	—	—

(b) 连接件设计指标

螺钉、螺栓的强度设计值应按现行国家标准《冷弯薄壁型钢结构技术规范》(GB 50018)[1]规定采用，如表 2.7 所示。对于非标螺钉、螺栓的抗剪强度，亦可通过图 2.10所示试验获得。

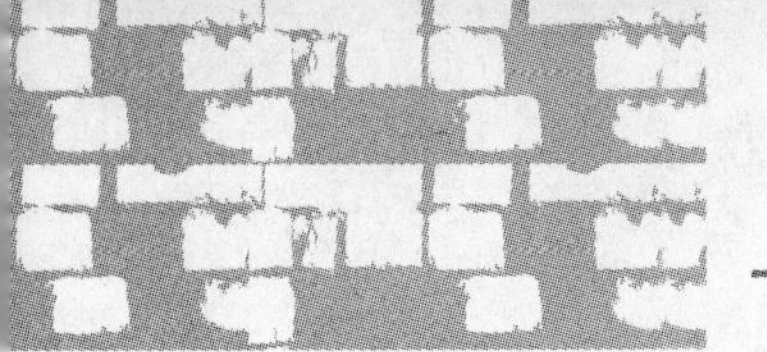

表 2.7　C 级普通螺栓、螺钉的强度设计值　　单位：MPa

类别	螺钉等级	构件的钢材牌号	
	ST4.6、ST4.8	Q235 钢	Q345 钢
抗拉 f_t^b	165	—	—
抗剪 f_v^b	125	—	—
承压 f_c^b	—	290	370

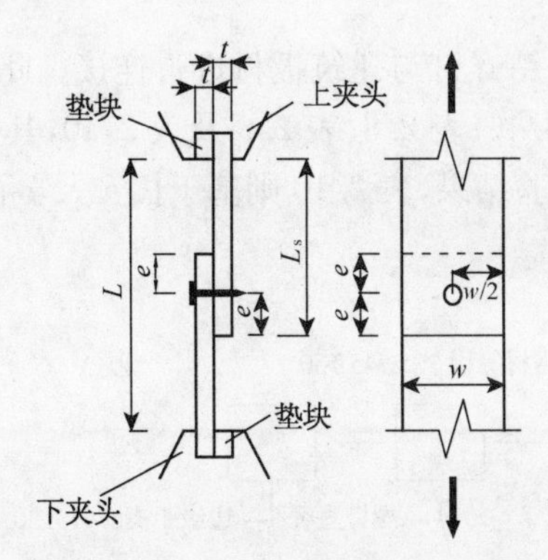

图 2.10　螺钉、螺栓材料抗剪强度试验装置示意

图 2.10 螺钉(螺栓)材料抗剪强度试验应符合下列相关规定：

(1) 应在试验装置夹头处设置垫块，从而确保试验装置施加的荷载通过塔接节点中心。

(2) 连接板应采用钢板，其厚度不得小于螺钉直径，以保证螺钉被剪断；螺钉至少应有 3 圈螺纹穿过钢板。

(3) 螺钉的端距和边距不得小于其直径的 3 倍，且不宜小于 20 mm；连接板宽度不得小于螺钉直径的 6 倍，且不宜小于 40 mm。

(4) 单块连接板长度 L_s 不宜小于 100 mm，连接板搭接后总长度 L 不宜小于 160 mm。

(5) 当螺钉不易钻穿钢板时，应在钢板上预开孔，预开孔径 d_0 应不小于 0.9d（d 为螺钉公称直径）。

试验制度应参考现行国家标准《金属材料拉伸试验第 1 部分：室温试验方法》(GB/T 228)[8] 给出，即在弹性范围内，试验机夹头的分离速率应尽可能保持恒定，应力速率应控制在 6～60 $MPa \cdot s^{-1}$ 的范围内；在塑性范围内应变速率不应超过 0.002 s^{-1}。螺钉的抗剪强度可由下列公式确定：

$$f_v^b = \frac{N_{vt}^b}{A_e} \tag{2.5}$$

$$A_e = \frac{\pi d_e^2}{4} \tag{2.6}$$

式中 d_e—— 螺钉有效直径；

A_e—— 螺钉螺纹处有效面积；

N_{vt}^b—— 试验得到的一个螺钉剪断承载力；

f_v^b—— 螺钉抗剪强度。

冷弯薄壁型钢构件一般通过自攻自钻螺钉与建筑板材进行连接。此时，连接件的力学性能可参考图 2.11、图 2.12、图 3.46、表 2.8、表 2.9 及表 2.10，其中，表 2.8、表 2.9 是东南大学叶继红教授课题组试验结果，表 2.10 则基于长安大学石宇副教授课题组试验结果[28]。

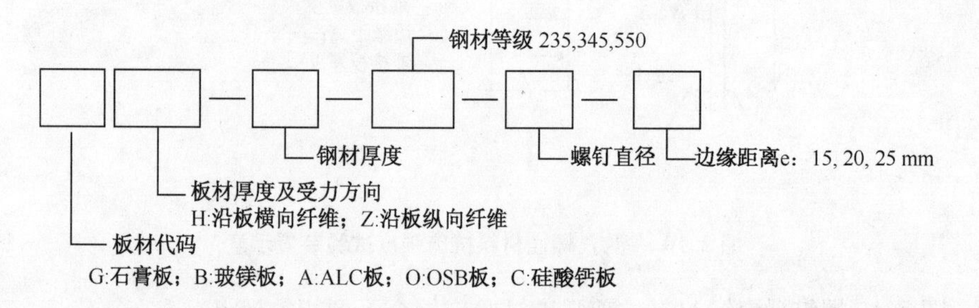

图 2.11 板材-螺钉连接件型号

表 2.8 板材-螺钉连接件力学性能(石膏板、玻镁板、OSB 板)

板材-螺钉连接件型号	P_e (N)	Δ_e (mm)	P_y (N)	Δ_y (mm)	P_{max} (N)	Δ_{max} (mm)	P_u (N)	Δ_u (mm)
G12H-0.9-345-4.8-15	177	0.11	355	0.63	442	1.55	376	2.03
G12Z-0.9-345-4.8-15	181	0.23	372	0.84	463	1.60	393	1.97
G12H-0.9-345-4.8-20	208	0.19	415	1.06	522	2.93	444	3.95
G12Z-0.9-345-4.8-20	224	0.39	456	1.38	560	2.93	476	3.64
G12H-0.9-345-4.8-25	250	0.40	515	1.24	625	2.69	531	3.87
G12Z-0.9-345-4.8-25	282	0.53	581	1.69	713	2.87	606	3.70
G12H-1.2-345-4.8-15	182	0.31	379	0.97	456	1.51	387	1.89
G12H-1.2-345-4.8-20	231	0.36	492	1.11	579	1.95	491	2.46

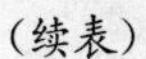

（续表）

板材-螺钉连接件型号	P_e (N)	Δ_e (mm)	P_y (N)	Δ_y (mm)	P_{max} (N)	Δ_{max} (mm)	P_u (N)	Δ_u (mm)
G12H-1.2-345-4.8-25	277	0.42	581	1.33	693	2.43	589	3.12
G12Z-0.9-345-4.2-15	160	0.53	341	1.58	400	2.10	341	2.83
B12H-0.9-345-4.8-15	215	0.42	448	1.33	538	1.93	458	2.21
B12Z-0.9-345-4.8-15	238	0.25	476	0.99	594	1.78	505	1.99
B12H-0.9-345-4.8-20	254	0.37	533	1.21	636	2.35	540	2.88
B12Z-0.9-345-4.8-20	243	0.28	497	0.95	608	1.83	517	2.60
B12H-0.9-345-4.8-25	275	0.74	581	2.15	687	3.67	584	4.73
B12Z-0.9-345-4.8-25	288	0.30	573	1.25	719	2.53	611	3.86
B12H-1.2-345-4.8-15	170	0.26	353	0.78	426	1.25	362	1.57
B12H-1.2-345-4.8-20	246	0.34	518	1.01	616	2.09	523	2.42
B12H-1.2-345-4.8-25	319	0.25	644	1.10	797	2.72	677	3.80
B12Z-0.9-345-4.2-15	203	0.50	455	1.39	507	1.81	431	2.28
O18H-0.9-345-4.8-15	397	0.35	791	1.33	992	2.65	844	3.70
O18Z-0.9-345-4.8-15	375	0.37	784	1.09	937	1.73	796	2.87
O18H-0.9-345-4.8-20	511	0.54	1 097	1.74	1 278	2.68	1 087	3.72
O18Z-0.9-345-4.8-20	475	1.05	1 062	2.97	1 187	4.08	1 009	5.38
O18H-0.9-345-4.8-25	636	1.12	1 316	3.43	1 591	5.20	1 352	6.43
O18Z-0.9-345-4.8-25	639	1.32	1 420	3.85	1 598	4.83	1 358	5.70

注：P_{max}为连接件剪切强度，Δ_{max}为剪切强度对应的连接件变形；P_e为P_{max}的0.4倍，Δ_e为P_e对应的连接件变形；P_y、Δ_y、P_u、Δ_u的含义见图3.46。

表2.9　板材-螺钉连接件力学性能（硅酸钙板）

板材-螺钉连接件型号	P_e (N)	Δ_e (mm)	$0.5P_{max}$ (N)	$\Delta_{0.5P\,max}$ (mm)	P_{max} (N)	Δ_{max} (mm)
C12H-0.9-345-3.9-15	530	0.57	663	0.74	1 326	2.18
C12Z-0.9-345-3.9-15	614	0.55	767	0.78	1 534	2.83
C12H-0.9-345-3.9-20	639	0.66	798	0.88	1 597	2.64
C12Z-0.9-345-3.9-20	817	0.94	1 021	1.30	2 042	4.71

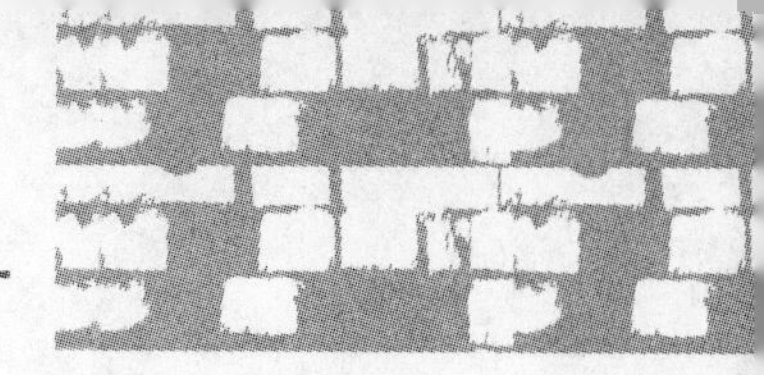

（续表）

板材-螺钉连接件型号	P_e (N)	Δ_e (mm)	$0.5P_{max}$ (N)	$\Delta_{0.5P max}$ (mm)	P_{max} (N)	Δ_{max} (mm)
C12H-0.9-345-3.9-25	698	1.12	873	1.45	1 745	4.17
C12Z-0.9-345-3.9-25	973	1.33	1 216	2.05	2 432	6.17
C12H-0.9-345-4.8-15	367	0.20	459	0.28	918	0.80
C12Z-0.9-345-4.8-15	505	0.33	631	0.44	1 263	1.15
C12H-0.9-345-4.8-20	554	0.45	692	0.55	1 385	1.16
C12Z-0.9-345-4.8-20	676	0.38	845	0.54	1 691	1.54
C12H-0.9-345-4.8-25	763	0.58	954	0.80	1 908	1.77
C12Z-0.9-345-4.8-25	805	0.46	1 007	0.63	2 013	1.75
C12Z-1.2-345-4.8-15	564	0.18	705	0.27	1 409	1.05
C12Z-1.2-345-4.8-20	692	0.47	865	0.61	1 730	1.53
C12Z-1.2-345-4.8-25	863	0.33	1 079	0.50	2 158	1.34
C12Z-0.9-345-4.2-25	768	1.14	960	1.52	1 919	3.41

注：P_{max}为连接件剪切强度，Δ_{max}为剪切强度对应的连接件变形；P_e为 P_{max}的 0.4 倍，Δ_e为 P_e对应的连接件变形；$0.5P_{max}$、$\Delta_{0.5P max}$的含义见图 2.12。

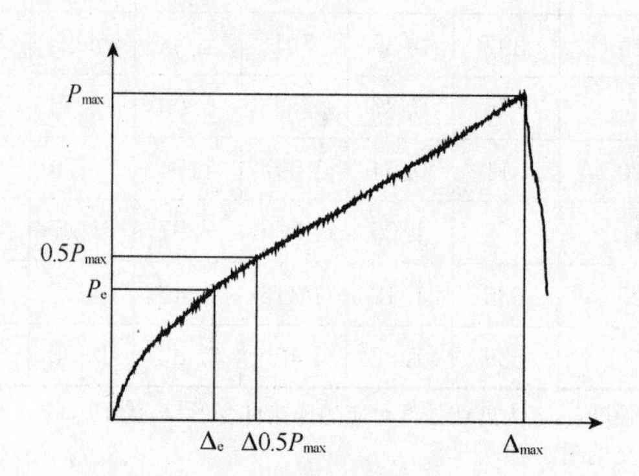

图 2.12　板材-螺钉连接件特征值确定

表 2-10　板材-螺钉连接件力学性能

板材-螺钉连接件型号	P_{max} (N)	Δ_{max} (mm)	板材-螺钉连接件型号	P_{max} (N)	Δ_{max} (mm)
G12Z-0.84-345-4.2	425	2.10	O9-0.84-345-4.2	1 685	2.80
G12H-0.84-345-4.2	295	1.20	O12-0.84-345-4.8	1 685	5.20
G12Z-1.60-345-4.2	485	1.10	O12-1.60-345-4.8	2 370	4.15
G12H-1.60-345-4.2	385	0.80	O18-1.60-345-4.8	2 610	5.75

注：P_{max}为连接件剪切强度，Δ_{max}为剪切强度对应的连接件变形。

当板材-螺钉连接件型号不满足表 2.8、表 2.9、表 2.10 要求时，连接件的力学性能亦可通过试验获得。图 2.13(a)为试验加载装置示意图，图 2.13(b)为试件设计详图，图 2.13(c)为 T 型夹板详图。建筑板材-螺钉连接件的试验制度应参考现行国家标准《金属材料拉伸试验第 1 部分：室温试验方法》(GB/T 228)[8] 给出，即在弹性范围内，试验机夹头的分离速率应尽可能保持恒定，应力速率应控制在 6～60 MPa·s^{-1}的范围内；在塑性范围内应变速率不应超过 0.002 s^{-1}。板材-螺钉连接件的剪切强度按下式确定：

$$P_{\max}=\frac{N_{\max}}{n} \tag{2.7}$$

式中　$P_{\max}$—— 连接件剪切强度；

$N_{\max}$—— 试验极限荷载；

n—— 试验连接件数目。

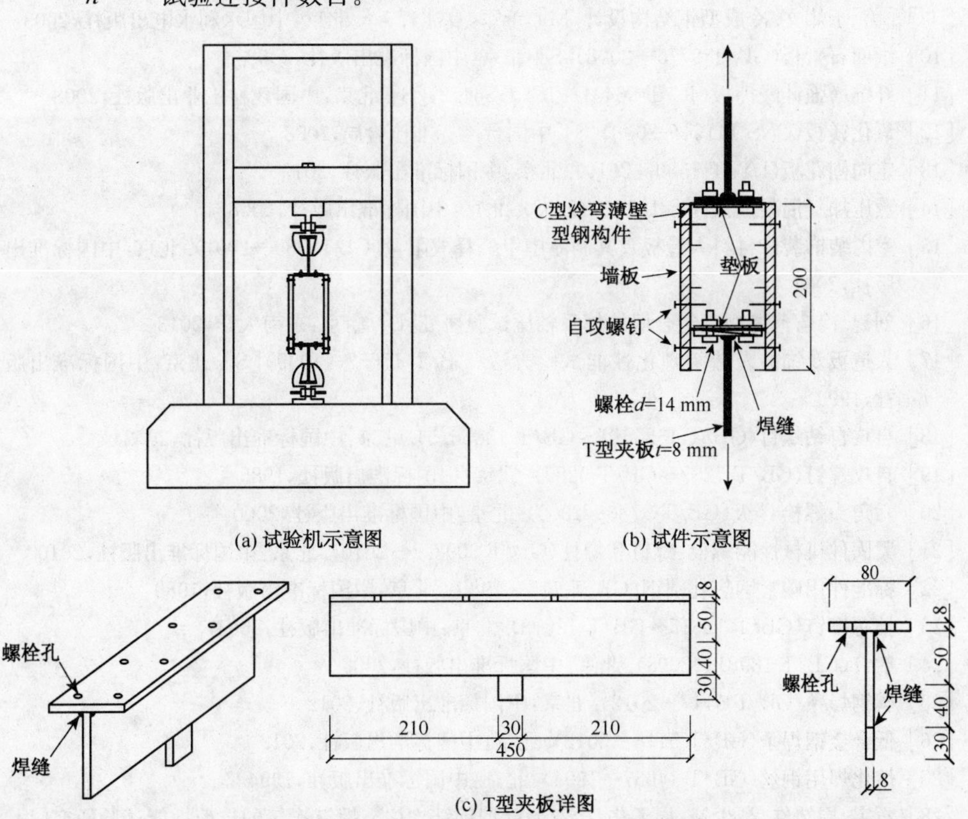

图 2.13　板材-螺钉连接件力学性能试验示意

本章参考文献

[1] 冷弯薄壁型钢结构技术规范(GB 50018—2002)[S]. 北京:中国建筑工业出版社,2002

[2] 低层冷弯薄壁型钢房屋建筑技术规程(JGJ 227—2011)[S]. 北京:中国建筑工业出版社,2011

[3] 轻型钢结构住宅技术规程(JGJ 209—2010). 北京:中国建筑工业出版社,2002

[4] 碳素结构钢(GB/T 700—2006). 北京:中国标准出版社,2006

[5] 低合金高强度结构钢(GB/T 1591—2008). 北京:中国标准出版社,2008

[6] 连续热镀锌钢板及钢带(GB/T 2518—2008). 北京:中国标准出版社,2008

[7] 连续热镀铝锌合金镀层钢板及钢带(GB/T 14978—2008). 北京:中国标准出版社,2008

[8] 金属材料拉伸试验第1部分(GB/T 228—2010):室温试验方法. 北京:中国标准出版社,2011

[9] [美]于炜文. 冷成型钢结构设计[M]. 董军,夏冰青,译. 北京:中国水利水电出版社,2003

[10] 纸面石膏板(GB/T 9775—2008)[S]. 北京:中国标准出版社,2008

[11] 纤维增强硅酸钙板(JC/T 564.1~JC/T 564.2)[S]. 北京:中国建材工业出版社,2008

[12] 氧化镁板(CNS 14164—2008)[S]. 中国台湾标准检验局,2008

[13] 定向刨花板(LY/T 1580—2010). 北京:中国标准出版社,2010

[14] 蒸压加气混凝土板(GB 15762—2008). 北京:中国标准出版社,2008

[15] 室内装饰装修材料人造板及其制品中甲醛释放限量(GB 18580—2001). 北京:中国标准出版社,2004

[16] 刘巍. 冷弯薄壁型钢组合墙柱体系轴压试验研究[D]. 南京:东南大学,2013

[17] 人造板及饰面人造板理化性能试验方法(GB/T 17657—1999)[S]. 北京:中国标准出版社,1999

[18] 自攻自钻螺钉(GB/T 15856.1~GB/T 15856.5). 北京:中国标准出版社,2002

[19] 自攻螺钉(GB/T 5282~GB/T 5285). 北京:中国标准出版社,1985

[20] 六角头螺栓C级(GB/T 5780—2000). 北京:中国标准出版社,2000

[21] 紧固件机械性能螺栓、螺钉和螺柱(GB/T 3098.1—2010). 北京:中国标准出版社,2010

[22] 标准件用碳素钢热轧圆钢(GB/T 715—1989). 北京:中国标准出版社,1989

[23] 抽芯铆钉(GB/T 12615~GB/T 12618). 北京:中国标准出版社,2004

[24] 射钉(GB/T 18981—2008). 北京:中国标准出版社,2008

[25] 碳钢焊条(GB/T 5117—2012). 北京:中国标准出版社,2012

[26] 低合金钢焊条(GB/T 5118—2012). 北京:中国标准出版社,2012

[27] 熔化焊用钢丝(GB/T 14957—1994). 北京:中国标准出版社,1994

[28] 石宇,周绪红,聂少锋,周天华. 冷弯薄壁型钢结构住宅螺钉连接的抗剪性能试验研究[J]. 建筑结构学报,2009,(增刊):184-188

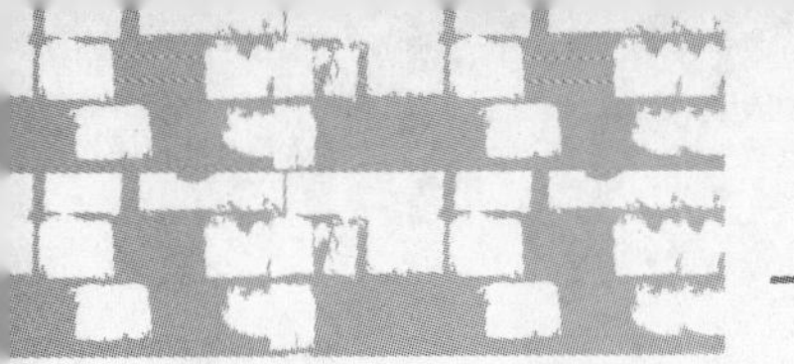

第三章
冷弯薄壁型钢房屋抗震设计

3.1　冷弯薄壁型钢房屋设计一般规定

3.1.1　设计原则

冷弯薄壁型钢房屋的构件与配件，便于工业化生产，其建筑、结构、设备和装修宜进行一体化设计，并按照现行国家标准《建筑模数协调统一标准》(GBJ 2)[1]和《住宅建筑模数协调标准》(GB/T 50100)[2]的要求，充分考虑构、配件和设备的模数化、标准化和定型化，以提高效率、保证质量、降低成本。同时，作为一种新型节能环保建筑，冷弯薄壁型钢房屋宜采用可再生能源，且应满足房屋建筑的基本功能和性能要求。

冷弯薄型型钢房屋的建筑设计应符合《住宅建筑规范》(GB 50368)[3]、《住宅设计规范》(GB 50096)[4]、《建筑抗震设计规范》(GB 50011)[5]等现行相关国家设计规范和标准的要求。建筑装饰装修应符合现行国家标准《住宅装饰装修工程施工规范》(GB 50327)[6]的要求，轻质墙体、门窗和屋顶等围护结构应与主体结构有可靠的连接，外墙体与屋面应采取防潮、防雨措施，门窗缝隙应采取防水和保温隔热的构造措施，其密封条等填充材料应耐久、可靠。

冷弯薄型型钢房屋的结构设计采用以概率理论为基础的极限状态设计方法，按分项系数设计表达式进行计算，其中，楼面、屋面及墙体承重构、部件的强度和稳定性设计，应分别按照承载能力极限状态和正常使用极限状态进行计算，且遵循以下原则：

(1) 当结构构件和连接按不考虑地震作用的承载能力极限状态设计时，应根据现行国家标准《建筑结构荷载规范》(GB 50009)[7]采用荷载效应的基本组合进行计算。当结构构件和连接按考虑地震作用的承载能力极限状态设计时，应根据现行国家标准《建筑抗震设计规范》(GB 50011)[5]荷载效应组合进行计算，其中承载力抗震调整系数 r_{RE} 取 0.9。同时，随着地震烈度的增大，应注意抗震构造措施的加强，如边缘部位螺钉间距加密，抗震墙与基础之间、上下抗震墙之间以及抗震

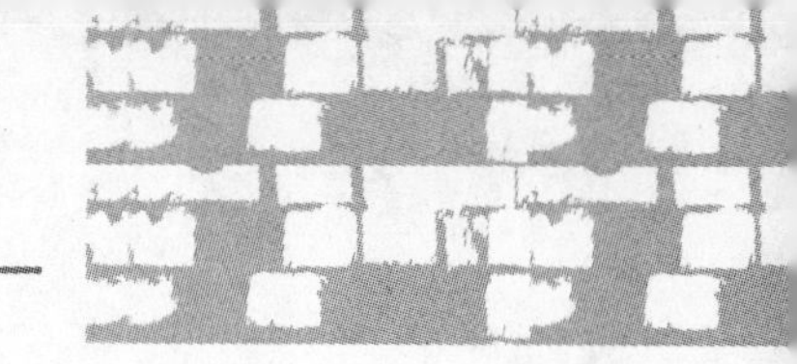

墙与屋面之间的连接加强。

(2) 当结构构件按正常使用极限状态设计时，应根据现行国家标准《建筑结构荷载规范》(GB 50009)规定的荷载效应的标准组合和现行国家标准《建筑抗震设计规范》(GB 50011)规定的荷载效应组合进行计算。

(3) 结构构件的受拉强度应按净截面计算，受压强度应按有效净截面计算，稳定性应按有效截面计算，变形和各种稳定系数均可按毛截面计算。构件中受压板件的有效宽度应按现行国家标准《冷弯薄壁型钢结构技术规范》(GB 50018)[8]的要求，当板厚小于 2 mm 时，应考虑相邻板件的约束作用。

3.1.2 作用与效应

建筑结构设计中，一般将施加在结构上的集中力或分布力称为直接作用(也称荷载)；将引起结构外加变形或约束变形的原因称为间接作用。由作用引起的结构或结构构件的反应，例如内力、变形和裂缝等，统称为作用效应。此外，将结构或结构构件承受作用效应的能力，如承载力，称为抗力。

1. 作用一般规定

冷弯薄壁型钢房屋的屋面结构设计，如屋面板、檩条、屋架等，应依据现行国家标准《建筑结构荷载规范》(GB 50009)[7]的规定进行荷载取值，其中，不上人屋面的竖向均布活荷载的标准值(按水平投影面积计算)取 0.5 KN/m^2，同时，尚应考虑施工及检修集中荷载，其标准值取 1.0 kN 且作用在结构最不利位置上，并且当施工或检修荷载较大时，应按实际情况采用。

屋面风荷载应按现行国家标准《建筑结构荷载规范》(GB 50009)的规定采用。对于主要受力结构，其垂直于建筑物表面上的风荷载标准值应按下式计算：

$$w_k = \beta_z \mu_s \mu_z w_0 \tag{3.1}$$

式中 w_k ——风荷载标准值；

β_z ——高度 z 处的风振系数。对于 3 层及 3 层以下建筑，风振系数 β_z 取 1.0；

μ_s ——风荷载体型系数；

μ_z ——风压高度变化系数，由《建筑结构荷载规范》(GB 50009)中表 8.2.1 得到[7]；

w_0 ——基本风压，遵循《建筑结构荷载规范》(GB 50009)中附录 E.5 规定[7]。

复杂体型房屋屋面的风荷载体型系数 β_z 可按房屋屋面和墙面分区确定，如图 3.1 所示，其中，纵向风坡(R)部分的风荷载体型系数 μ_s 取−0.8；迎风墙(W)的 μ_s

取+0.8；背风墙(L)和背风坡屋顶(D)的 μ_s 取-0.5；边墙(S)的 μ_s 取-0.7；迎风坡屋顶(U)的 μ_s 按迎风坡屋顶坡度 α 取值，当 $\alpha\leqslant15°$时，μ_s 取-0.6，当 $\alpha=30°$时，μ_s 取0，当 $\alpha\geqslant60°$时，μ_s 取+0.8，其余坡度按线性插值计算[9]。

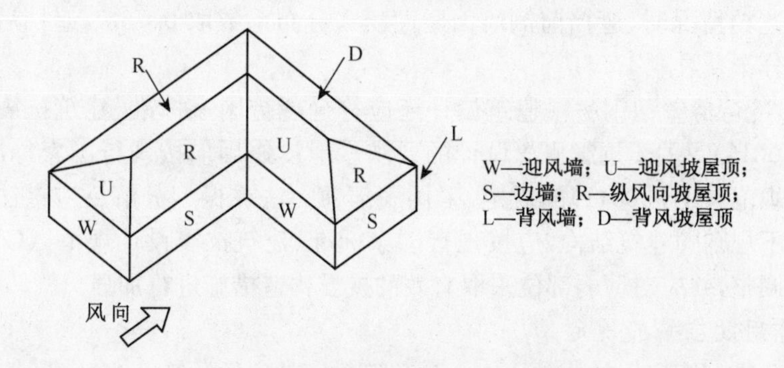

图3.1　房屋屋面和墙面风荷载分区

屋面雪荷载同样应按现行国家标准《建筑结构荷载规范》(GB 50009)的规定采用，且屋面水平投影面上的雪荷载标准值按下式计算：

$$s_k = \mu_r s_0 \tag{3.2}$$

式中　s_k——雪荷载标准值；

μ_r——屋面积雪分布系数；

s_0——基本雪压，取值依据《建筑结构荷载规范》(GB 50009)附录E.5规定。

根据现行行业标准《低层冷弯薄壁型钢房屋建筑技术规程》(JGJ 227)[9]，将复杂住宅屋面区分为迎风面、背风面、无遮挡侧风面、遮挡前侧风面和遮挡后侧风面五种情况，如图3.2所示。此时，屋面积雪分布系数 μ_r 的确定应符合下列规定：

(1) 首先考虑屋面坡度 α 可能引起的积雪滑落的影响，即当 $\alpha\leqslant25°$时，屋面积雪分布系数 μ_r 取1.0；当 $\alpha\geqslant50°$时，认为屋面不能存雪而取 μ_r 为0；当 $25°\leqslant\alpha\leqslant50°$时，$\mu_r$ 按线性插值取用。

(2) 设计屋面承重构件时，应考虑雪荷载不均匀分布的荷载情况。各屋面的雪荷载分布系数应按下列规定进行调整(图3.2)：

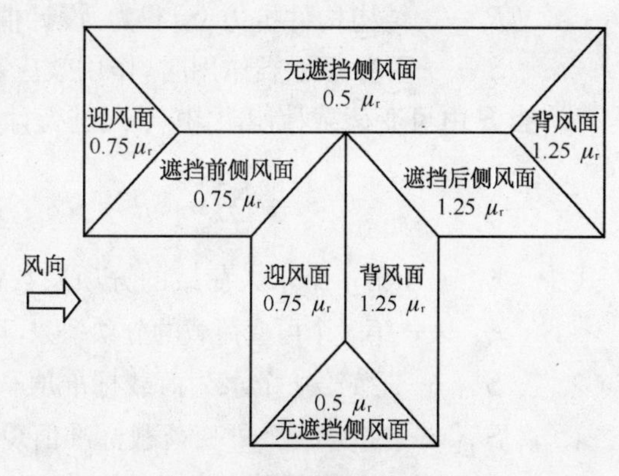

图3.2　屋面积雪分布系数

① 对迎风面屋面积雪分布系数，取 $0.75\mu_r$；

② 对背风面屋面积雪分布系数，取 $1.25\mu_r$；

③ 对侧风面屋面：在屋面无遮挡情况时，侧风面屋面积雪分布系数取 $0.5\mu_r$；在屋面有遮挡情况时，遮挡前侧风面屋面积雪分布系数取 $0.75\mu_r$，遮挡后侧风面屋面积雪分布系数取 $1.25\mu_r$。

此外，冷弯薄壁型钢房屋建筑设计还应符合现行国家标准《建筑抗震设计规范》(GB 50011)[5]关于抗震概念设计的要求。地震作用应按现行国家标准《建筑抗震设计规范》(GB 50011)的规定，采用底部剪力法或振型分解反应谱法进行计算。对于不规则的建筑结构，应按现行国家标准《建筑抗震设计规范》(GB 5001)进行内力调整，并应对薄弱部位采取有效的抗震构造措施进行加强。

2. 作用效应一般规定

冷弯薄壁型钢房屋结构的内力与位移等作用效应的计算一般采用一阶弹性分析方法。计算基本构件和连接时，荷载的标准值、荷载分项系数、荷载组合值系数的取值以及荷载效应组合，均应按现行国家标准《建筑结构荷载规范》(GB 50009)[7]的规定采用。

冷弯薄壁型钢房屋应分别按照承载力极限状态和正常使用极限状态进行设计。当按承载力极限状态设计时，可分为无地震作用和多遇地震作用两类情况。其中，无地震作用情况的结构设计采用荷载效应基本组合，并按下式计算：

$$r_0 S \leqslant R \tag{3.3}$$

式中 r_0 ——结构重要性系数。一般冷弯薄壁型钢结构房屋的安全等级为二级，设计使用年限为 50 年时，r_0 应不小于 1.0；设计使用年限为 25 年时，r_0 应不小于 0.95；有特殊要求的冷弯薄壁型钢房屋的结构重要性系数取值可根据具体情况另行确定。

R ——结构构件抗力（承载力）设计值。

S ——不考虑地震作用时，作用效应基本组合设计值。

当 S 由可变荷载控制时，按下式进行计算：

$$S=\sum_{j=1}^{m} r_{G_j} S_{G_j k}+r_{Q_1} S_{Q_1 k}+\sum_{i=2}^{n} r_{Q_i} \psi_{c_i} S_{Q_i k} \tag{3.4}$$

式中 r_{G_j} ——第 j 个永久荷载的分项系数；

r_{Q_i} ——第 j 个可变荷载的分项系数，其中 r_{Q_i} 为主导可变荷载 Q_1 的分项系数；

$S_{G_j k}$ ——按第 j 个永久荷载标准值 G_{jk} 计算的荷载效应值；

$S_{Q_j k}$ ——按第 i 个可变荷载标准值 Q_{ik} 计算的荷载效应值，其中 $S_{Q_1 k}$ 为诸可变荷载效应中起控制作用者；

ψ_{c_i} ——第 i 个可变荷载 Q_i 的组合值系数,取 0.7[7];

m ——参与组合的永久荷载数;

n ——参与组合的可变荷载数。

当 S 由永久荷载控制时,按下式进行计算:

$$S = \sum_{j=1}^{m} r_{G_j} S_{G_j k} + \sum_{i=1}^{n} r_{Q_i} \psi_{c_i} S_{Q_i k} \tag{3.5}$$

对于式(3.4)、式(3.5)中的荷载分项系数,应按下列规定采用:

(1) 永久荷载的分项系数应符合下列规定:

① 当永久荷载效应对结构不利时,对由可变荷载效应控制的组合应取 1.2,对由永久荷载效应控制的组合应取 1.35;

② 当永久荷载效应对结构有利时,不应大于 1.0。

(2) 可变荷载的分项系数应符合下列规定:

① 对标准值大于 4 kN/m^2 的工业房屋楼面结构的活荷载,应取 1.3;

② 其他情况,应取 1.4。

对于考虑多遇地震作用的承载力极限状态,应采用下列设计表达式:

$$S_E = r_G S_{GE} + r_{Eh} S_{Ehk} \leqslant \frac{R}{r_{RE}} \tag{3.6}$$

式中 r_{RE} ——结构构件的承载力抗震调整系数,取 0.9;

S_E ——考虑多遇地震作用时,作用效应组合设计值;

r_G ——重力荷载分项系数,一般情况应采用 1.2,当重力荷载效应对构件承载力有利时,不应大于 1.0;

r_{Eh} ——水平地震作用分项系数,取 1.3;

S_{Ehk} ——水平地震作用标准值的效应,按本章第 3.2 节规定计算;

S_{GE} ——重力荷载代表值的效应,重力荷载代表值按本章第 3.2 节规定计算。

按正常使用极限状态设计时,应采用荷载效应的标准组合,并按下式进行设计:

$$S_d = \sum_{j=1}^{m} S_{G_j k} + S_{Q_1 k} + \sum_{i=2}^{n} \psi_{c_i} S_{Q_i k} \leqslant C \tag{3.7}$$

式中 S_d —— 荷载标准组合的效应设计值;

C ——结构或结构构件达到正常使用要求的规定限值,其中,受弯构件的挠度不宜大于表 3.1 规定的限值[7]。此外,水平风荷载作用下,墙体立柱垂直于墙体的横向弯曲变形与立柱长度之比不得大于 $\frac{1}{250}$[9];由水平风荷载标准值或多遇地震作用标准值产生的层间位移与层高之

比不应大于$\frac{1}{300}$[9]。

表 3.1　受弯构件的挠度限值

构件类别	构件挠度限值
楼层梁：	
全部荷载	$\frac{L}{250}$
活荷载	$\frac{L}{500}$
门、窗过梁	$\frac{L}{350}$
屋架	$\frac{L}{250}$
结构板	$\frac{L}{200}$

注：1. 表中 L 为构件跨度。
2. 对悬臂梁，按悬伸长度的 2 倍计算受弯构件的跨度。

3.1.3　建筑及结构布置

冷弯薄壁型钢房屋建筑设计及结构布置尚应遵循以下基本原则[9]：

(1) 建筑结构系统宜规则布置。当建筑物出现以下情况之一时，应被认为是不规则的：

① 结构外墙从基础到最顶层不在同一个垂直平面内；

② 楼板或屋面某一部分的边沿没有抗震墙体提供支承；

③ 部分楼面或者屋面，从结构墙体向外悬挑长度大于 1.2 m；

④ 楼面或屋面的开洞宽度超出了 3.6 m，或者洞口较大尺寸超出楼面或屋面最小尺寸的 50%；

⑤ 楼面局部出现垂直错位，且没有被结构墙体支承；

⑥ 结构墙体没有在两个正交方向同时布置；

⑦ 结构单元的长宽比大于 3。

当结构布置不规则时，可以布置适宜的型钢、桁架构件或其他构件，以形成水平和垂直抗侧力系统。

(2) 冷弯薄壁型钢房屋建筑设计宜避免偏心过大或在角部开设洞口，如图 3.3 所示。当偏心较大时，应计算由偏心而导致的扭转对结构的影响。

(3) 抗震墙体在建筑平面和竖向宜均衡布置，在墙体转角两侧 900 mm 范围内不宜开洞口；上、下层抗震墙体宜在同一竖向平面内；当抗震内墙上下错位时，错

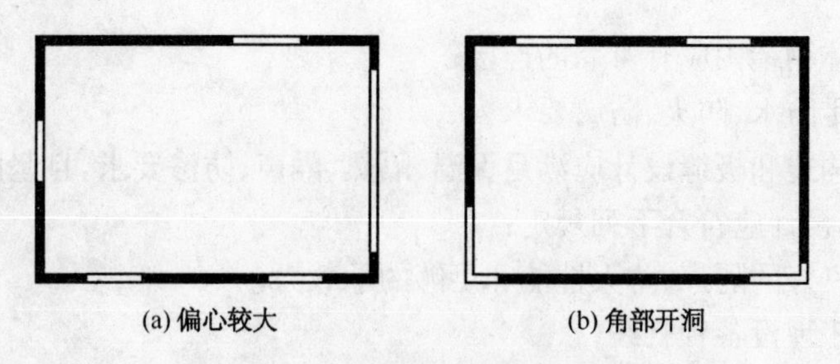

图 3.3　不宜采用的建筑平面示意

位间距不宜大于 2.0 m。

(4) 在设计基本地震加速度为 0.3g 及以上或基本风压为 0.70 kN/m^2 及以上的地区，冷弯薄壁型钢房屋建筑和结构布置应符合下列规定：

① 与主体建筑相连的毗屋应设置抗震墙，如图 3.4(a)所示；

② 不宜设置如图 3.4(b)所示的退台；

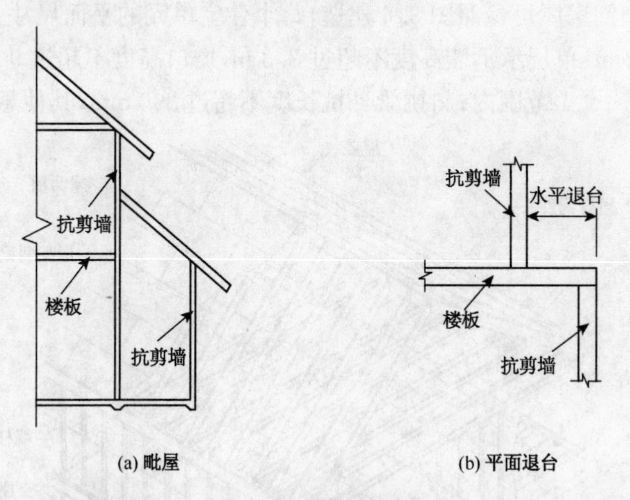

图 3.4　建筑立面示意

③ 由抗震墙所围成的矩形楼面或屋面的长度与宽度之比不宜超过 3；

④ 抗震墙之间的间距不应大于 12 m；

⑤ 平面凸出部分的宽度小于主体宽度的$\frac{2}{3}$时，凸出长度 L 不宜超过 1 200 mm(图 3.5)。

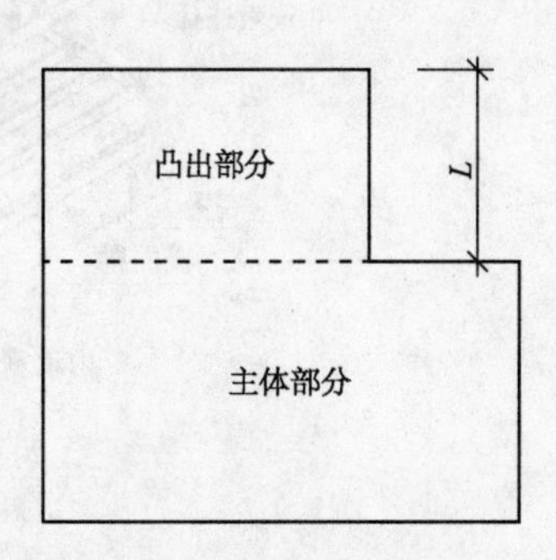

图 3.5　平面凸出示意

(5) 外围护墙设计应符合下列规定：

① 应满足国家现行有关标准对节能的要求；

② 与主体钢结构应有可靠的连接；

③ 应满足防水、防火、防腐要求；

④ 节点构造和板缝设计应满足保温、隔热、隔声、防渗要求，且坚固耐久。

(6) 隔墙设计应符合下列规定：

① 应有良好的隔声、防火性能和足够的承载力；

② 应便于埋设各种管线；

③ 门框、窗框与墙体连接应可靠，安装应方便；

④ 分室墙宜采用轻质墙板或冷弯薄壁型钢石膏板墙，也可采用易拆型隔墙板；

⑤ 吊顶应根据工程的隔声、隔振和防火性能等要求进行设计；

⑥ 抗震墙体应布置在建筑结构的两个主轴方向，并应形成抗风和抗震体系。

3.1.4 构造的一般规定

冷弯薄壁型钢房屋可参照图 3.6 建造，每个住宅单元的平面尺寸为：最大长度 18 m，宽度为 12 m；单层承重墙高度不超过 3.3 m，檐口高度不超过 9 m；屋面坡度取值宜在 1∶4～1∶1 范围内；斜挑梁悬挑长度不超过 300 mm，其他悬挑构件悬挑

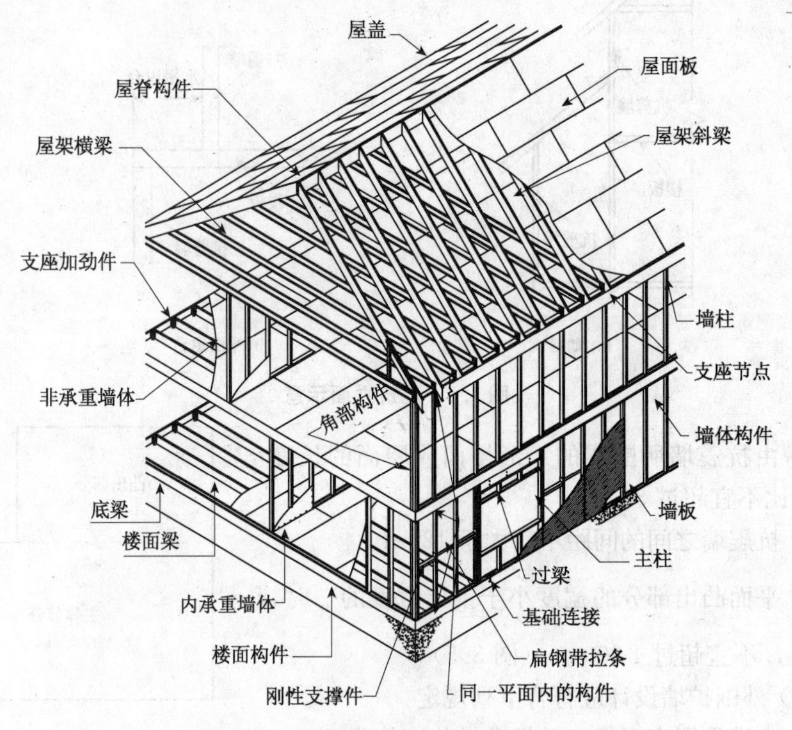

图 3.6　冷弯薄壁型钢结构装配式住宅

长度不超过 600 mm。当住宅的尺寸超出上述规定的范围时，应符合设计要求。冷弯薄壁型钢房屋结构属于受力蒙皮结构，结构面板既是重要的抗侧力构件（抗震墙体）的组成部分，同时也为所连接构件提供可靠的稳定性保障，因此承重墙体、楼面以及屋面中的立柱、梁等承重构件应与结构面板或斜拉支撑构件可靠连接。

冷弯薄壁型钢基本构件一般采用 U 型截面和 C 型截面，如图 3.7 所示。U 型截面[图 3.7(a)]一般用作顶导轨（也称顶导梁）、底导轨（也称底导梁）或边梁；C 型截面[图 3.7(b)]一般用作梁柱构件。冷弯薄壁型钢构件的钢材厚度在 0.46～2.46 mm 范围内。考虑到进行可靠性分析时，壁厚太薄试件的材料强度、试验结果离散性过大，所以规定 U 型截面和 C 型截面承重构件的厚度应不小于 0.75 mm。此外，钢蒙皮、压型钢板一般采用厚度为 0.46～0.84 mm 的钢材，非承重构件的基材厚度不宜小于 0.60 mm。

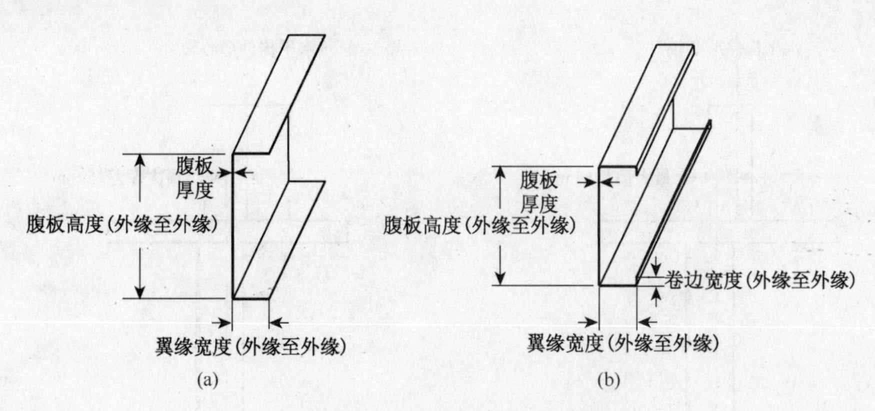

图 3.7　冷弯薄壁型钢构件

根据我国现行国家标准《冷弯薄壁型钢结构技术规范》(GB 50018)[8]的规定，冷弯薄壁型钢构件的受压板件宽厚比不应大于表 3.2 所示限值；受压构件的长细比，不宜大于表 3.3 规定的限值；受拉构件的长细比，不宜大于 350，但张紧拉条的长细比可不受此限值；当受拉构件在永久荷载和风荷载或多遇地震组合作用下受压时，长细比不宜大于 250。

表 3.2　构件受压板件的宽厚比限值

板件类别	宽厚比限值
非加劲板件	45
部分加劲板件	60
加劲板件	250

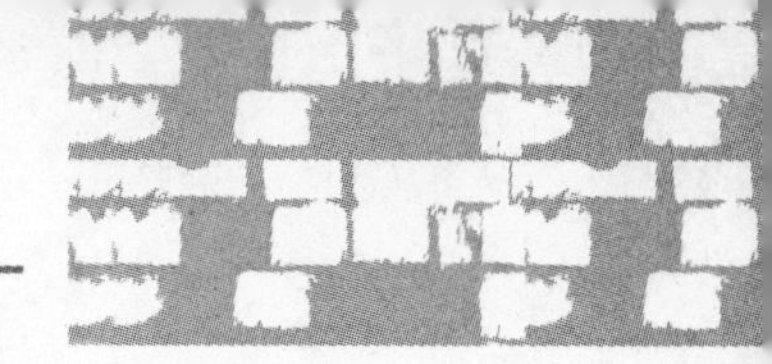

表 3.3　受压板件的长细比限值

构件类别	长细比限值
主要承重构件(梁、立柱、屋架等)	150
其他构件及支撑	200

同一平面内的承重梁、柱构件，在交接处的截面形心轴线的最大偏差要求小于15 mm，如图 3.8 所示。构件形心之间的偏心超过 15 mm 后，应考虑附加偏心距对构件的影响。楼面梁支承在承重墙体上，当楼面梁与墙体柱中心线偏差较小时，楼面梁承担的荷载可直接传递到墙体立柱，在楼盖边梁和支承墙体顶导轨中引起的附加弯矩可以忽略，不必验算边梁和顶导轨的承载力，否则要单独计算，计算方法同墙体过梁。

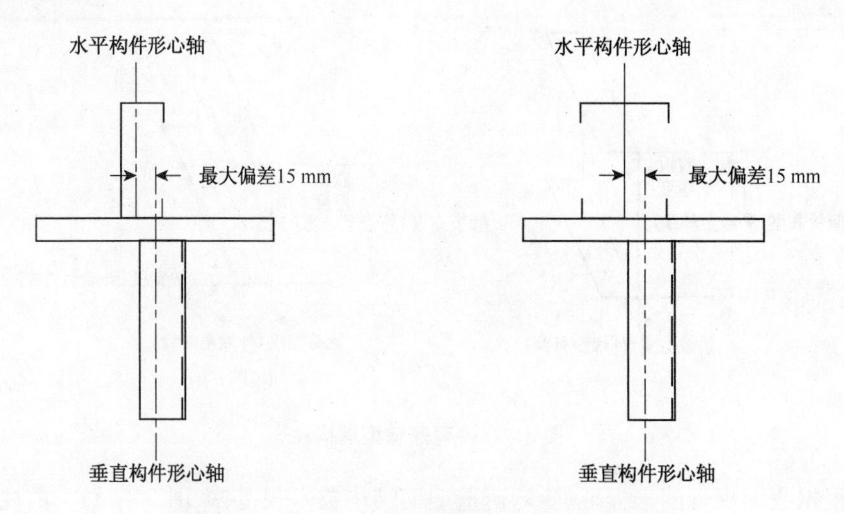

图 3.8　同一平面内的承重构件的轴线允许偏差

冷弯薄壁型钢构件的腹板开孔时应满足下列要求：

(1) 梁、柱的翼缘板和卷边不得切割、开槽或开孔，只允许在梁、柱腹板中心线上开孔(图 3.9)，两孔的中心间距不小于 600 mm，孔至构件端部(或支座边缘)的距离不小于 250 mm。孔长不应超过 110 mm；水平构件的孔宽不应大于腹板高度的$\frac{1}{2}$和 65 mm 的较小值，竖向构件的孔宽不应大于腹板高度的$\frac{1}{2}$和 40 mm 的较小值。

(2) 当孔的尺寸不满足上述要求时，应对孔口进行加强，见图 3.10。孔口加强件可采用平板、U 型构件或 C 型构件。孔口加强件的厚度不应小于所要加强腹板的厚度，且伸出孔口四周不应小于 25 mm。加强件与腹板应采用螺钉连接，螺钉最大中心间距为 25 mm，最小边距应为 12 mm。

(3) 当腹板的孔宽超过沿腹板高度的 0 .70 倍或孔长超过 250 mm(或腹板高度)时，除按上述要求补强外，还要符合构件强度、刚度和稳定的计算要求。

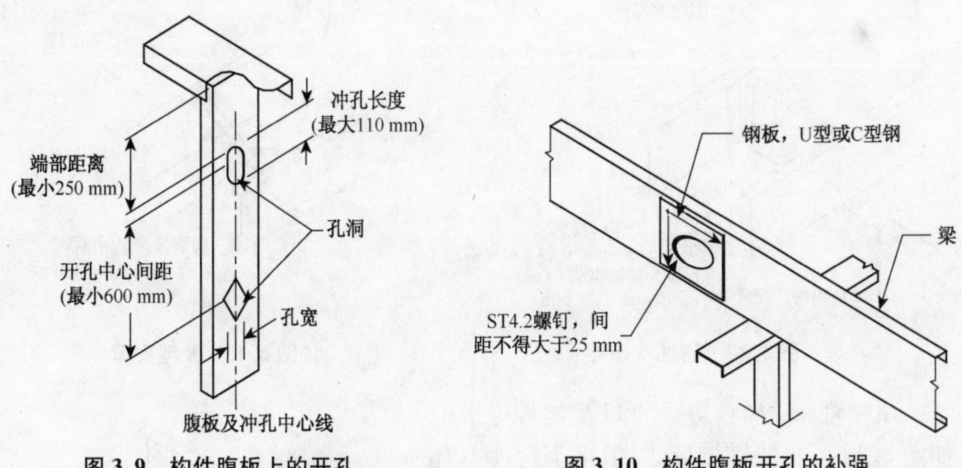

图 3.9　构件腹板上的开孔　　　图 3.10　构件腹板开孔的补强

承重梁在支座或集中荷载作用位置的腹板任一侧应设置加劲件，如图 3.11 所示。加劲件可采用厚度不小于 1.0 mm 的 U 型和 C 型构件，且其高度宜为被加劲构件腹板高度减去 10 mm。加劲件与构件腹板之间应采用螺钉连接，螺钉应布置均匀，且不少于 4 个。

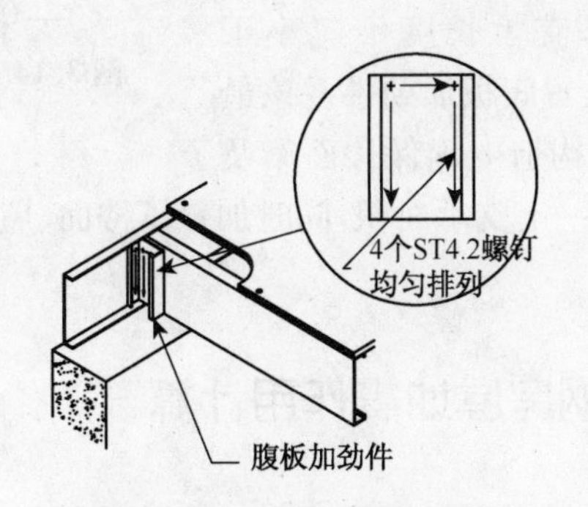

图 3.11　承重梁的加劲件

梁或柱用扁钢带拉接时，扁钢带尺寸不小于 40 mm×0. 84 mm，用 ST4. 2 的螺钉将扁钢带与梁或柱翼缘连接。沿扁钢带方向每隔 3. 5 m 设置一个刚性支撑件或 X 型支撑(图 3. 12，图 3. 13)，且在房屋端头或楼面开孔处必须设置刚性支撑件或 X 型支撑，必须用 2 个 ST4. 2 螺钉将扁钢带与刚性支撑件连接。刚性支承件采用厚度不小于 0.84 mm 的 U 型或 C 型短构件，其截面高度为梁高减去 10 mm。X 型支撑截面尺寸与扁钢带相同。

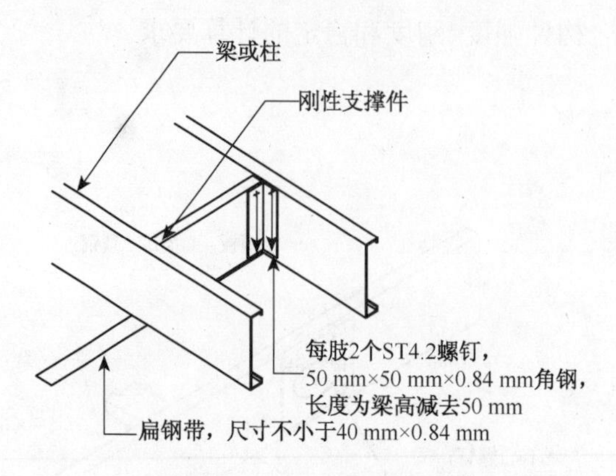

图 3.12　刚性支撑件

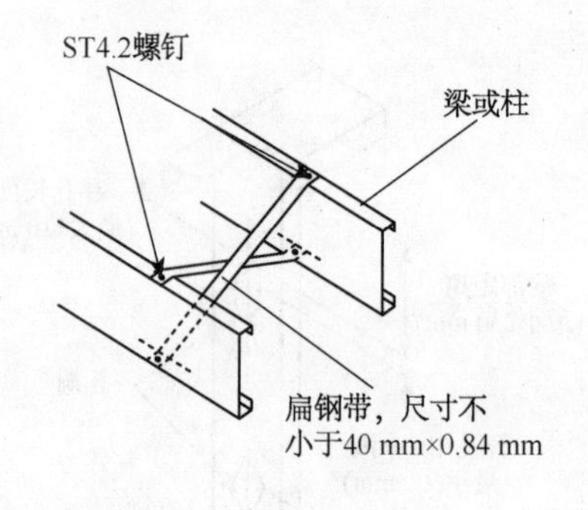

图 3.13　X 型支撑

顶导轨、底导轨、边梁的 U 型构件可采用如图 3.14 所示的拼接形式，但多个构件不宜在同一柱间拼接。图 3.14 中，每侧连接腹板的螺钉不应小于 4 个，连接翼缘的螺钉不应小于 2 个。C 型截面构件的拼接件厚度不应小于所连接的构件厚度。

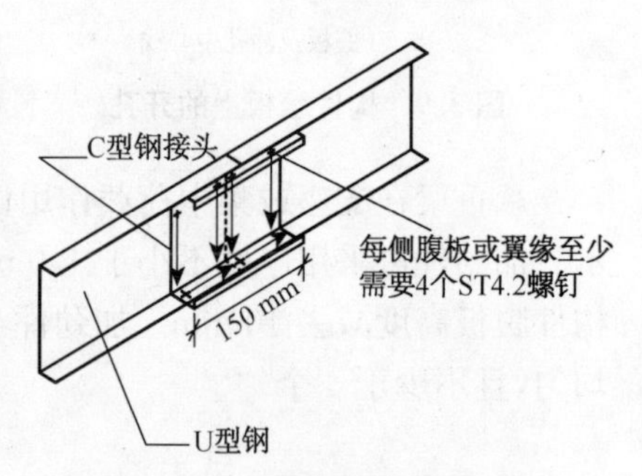

图 3.14　U 型钢顶梁、底梁或边梁的拼接

此外，楼面梁及屋架弦杆支承在冷弯薄壁型钢承重墙体上时，支承长度不应小于 40 mm。中间支座处宜设置腹板加劲件。该最小支承长度目的在于从构造上确保楼面梁及屋架弦杆在支座处具备一定支承面积，同时加强了楼面、屋面和墙体结构连接的整体性。

3.2　冷弯薄壁型钢房屋地震作用计算

地震作用与一般荷载不同，它不仅取决于地震烈度大小和建筑场地类别，而且与建筑结构的动力特性(如结构自振周期、阻尼等)有密切关系。一般荷载与结构的动力特性无关，可以独立确定，而作为地震作用的惯性力是由结构变位引起的，结构变位本身又受这些惯性力的影响，因此确定地震作用比确定一般荷载复杂得多。

3.2.1　抗震设防

根据国家现行标准《建筑抗震设计规范》(GB 50011)[5]规定，按技术标准设计的所有房屋建筑，均应达到“小震不坏，中震可修，大震不倒”的抗震设防目标。这里的“小震”、“中震”、“大震”分别指 50 年设计基准期内超越概率为 63%、10%和 2%～3%的地震，也称“多遇地震”、“设防地震”和“罕遇地震”。

《建筑抗震设计规范》[5]提出两阶段抗震设计方法以实现上述三个水准的抗震设防要求。第一阶段设计是在方案布置符合抗震原则的前提下，按多遇烈度的地震动参数，用弹性反应谱法求得结构在弹性状态下的地震作用标准值和相应的地震作用效应，然后进行承载力和变形的验算。这样既满足了第一水准下具有必要的承载力可靠度，又满足了第二水准损坏可修的设防要求。对于有特殊要求的结构、地震时易倒塌的结构以及有明显薄弱层的不规则结构，要进行第二阶段设计，即在罕遇地震烈度下，验算结构薄弱层的弹塑性层间变形。对于冷弯薄壁型钢房屋结构，可只进行第一阶段设计。

3.2.2　一般规定

冷弯薄壁型钢房屋结构的地震作用计算，应符合下列规定：

(1) 一般情况下，应至少在建筑结构的两个主轴方向分别计算水平地震作用，各方向的水平地震作用应由该方向抗侧力构件承担。

(2) 有斜交抗侧力构件的结构，当相交角度大于 15°时，应分别计算各抗侧力构件方向的水平地震作用。

(3) 质量和刚度分布明显不对称时，应计入双向水平地震作用下的扭转影响；一般情况，可只采用调整地震作用效应的方法计入扭转影响。

(4) 需计算结构的水平地震作用，不需计算竖向地震作用。水平地震作用可采用底部剪力法或振型分解反应谱法计算。

(5) 不考虑地基与结构相互作用对地震作用的折减。

在计算结构的水平地震作用标准值时，要用到集中在质点处的重力荷载代表值 G，《建筑抗震设计规范》[5]规定，结构的重力荷载代表值应取结构和构配件自重标准值和各可变荷载组合值之和，即：

$$G = G_{\mathrm{k}} + \sum_{i=1}^{n} \Psi_{\mathrm{Q}i} Q_{i\mathrm{k}} \tag{3.8}$$

式中　G——结构的重力荷载代表值；

G_{k}——构配件自重标准值；

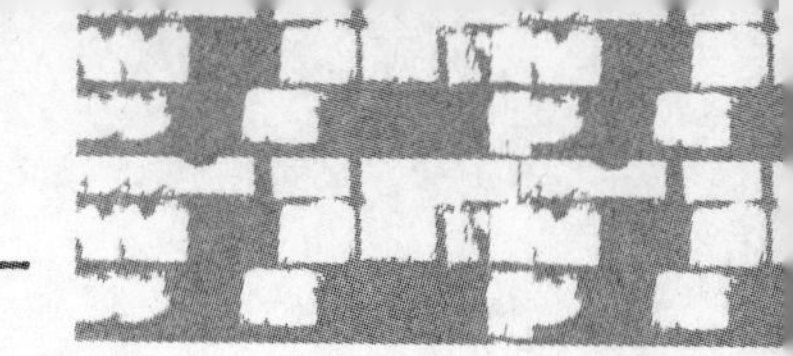

Q_{ik} ——第 i 个可变荷载标准值；

Ψ_{Qi} ——第 i 个可变荷载的组合值系数，按表 3.4 采用。

表 3.4　组合值系数

可变荷载种类	组合值系数
雪荷载	0.5
屋面积灰荷载	0.5
屋面活荷载	不计入
按实际情况计算的楼面活荷载	1.0
按等效均布荷载计算的楼面活荷载	0.5

目前，在我国和其他许多国家的抗震设计规范中，广泛采用反应谱理论来确定地震作用，其中以加速度反应谱应用得最多。所谓加速度反应谱，就是单质点弹性体系在给定的地震作用下，最大反应加速度与体系自振周期的关系曲线。如果已知体系的自振周期，利用反应谱曲线或相应计算公式，就可很方便地确定体系的反应加速度，进而求出地震作用。

《建筑抗震设计规范》[5]给出的设计反应谱不仅考虑了建筑场地类别的影响，也考虑了震级、震中距及阻尼比的影响。建筑结构的地震影响系数根据烈度、场地类别、设计地震分组和结构自振周期以及阻尼比确定，见图 3.15。

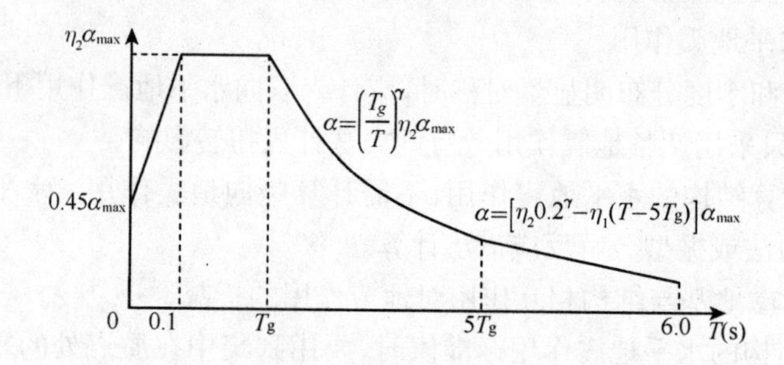

α—地震影响系数；α_{max}—地震影响系数最大值；γ—衰减指数；
η_1—直线下降段的下降斜率调整系数；T_g—特征周期；
η_2—阻尼调整系数；T—结构自振周期

图 3.15　地震影响系数曲线

多遇地震下，水平地震影响系数最大值应按表 3.5 采用，特征周期应根据场地类别和设计地震分组按表 3.6 采用。

表 3.5　水平地震影响系数最大值 α_{max}

地震影响	6 度	7 度	8 度	9 度
多遇地震	0.04	0.08(0.12)	0.16(0.24)	0.32

表 3.6　特征周期　　单位：s

设计地震分组	场地类别				
	Ⅰ$_0$	Ⅰ$_1$	Ⅱ	Ⅲ	Ⅳ
第一组	0.20	0.25	0.35	0.45	0.65
第二组	0.25	0.30	0.40	0.55	0.75
第三组	0.30	0.35	0.45	0.65	0.90

地震影响系数曲线的阻尼调整和形状参数应符合下列要求：

(1) 除有专门规定外，冷弯薄壁型钢房屋结构的阻尼比应取 0.03，地震影响系数曲线的阻尼调整系数应按 1.0 采用，形状参数应符合系列规定：

① 直线上升段，周期小于 0.1 s 的区段。

② 水平段，自 0.1 s 至特征周期区段，应取最大值(α_{max})。

③ 曲线下降段，自特征周期至 5 倍特征周期区段，衰减指数应取 0.94。

④ 直线下降段，自 5 倍特征周期 6 s 区段，下降斜率调整系数应取 0.024。

(2) 当结构的阻尼比按有关规定不等于 0.03 时，地震影响系数曲线的阻尼调整系数和形状参数应符合下列规定：

① 曲线下降段的衰减指数应按下式确定：

$$\gamma = 0.9 + \frac{0.05 - \zeta}{0.3 + 6\zeta} \tag{3.9}$$

式中　γ——曲线下降段的衰减指数；

ζ——阻尼比。

② 直线下降段的下降斜率调整系数应按下式确定：

$$\eta_1 = 0.02 + \frac{0.05 - \zeta}{4 + 32\zeta} \tag{3.10}$$

式中　η_1——直线下降段的下降斜率调整系数，小于 0 时取 0。

③ 阻尼调整系数应按下式确定：

$$\eta_2 = 1 + \frac{0.05 - \zeta}{0.08 + 1.6\zeta} \tag{3.11}$$

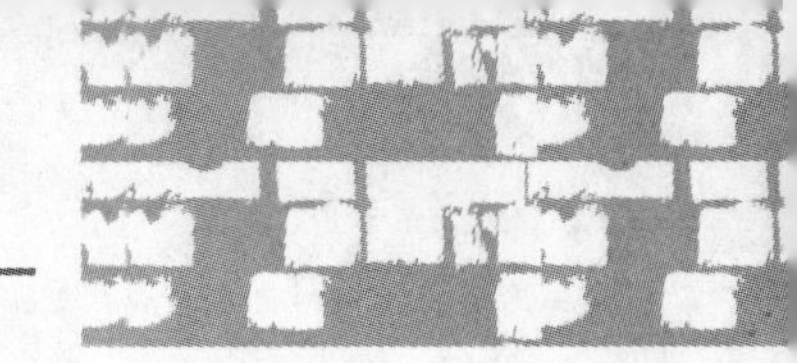

式中　η_2——阻尼调整系数，当小于 0.55 时，应取 0.55。

3.2.3　水平地震作用计算

冷弯薄壁型钢房屋结构可简化为图 3.16 所示的多质点体系来分析。通常将楼面的使用荷载以及上下两相邻层(i 和 $i+1$ 层)之间的结构自重(即图中的阴影部分)集中于第 i 层的楼面标高处，形成一个多质点体系。求解多自由度弹性体系地震作用通常采用底部剪力法和振型分解反应谱法。振型分解反应谱法是求解多自由度弹性体系地震反应的基本方法，这一方法的基本概念是：假定结构是线弹性的多自由度体系，利用振型分解和振型正交性原理，将求解 n 个自由度弹性体系的最大地震反应，分解为求解 n 个独立的单自由度体系的最大地震反应，从而求得对应于每一个振型的作用效应(剪力和变形)，再按一定的法则将每个振型的作用效应组合成总的地震作用效应进行抗震验算。底部剪力法是简化振型分解法的一种拟静力法，它以结构底部的总地震剪力与等效单质点的水平地震作用相等来确定结构总地震作用，再将地震作用简化为一个惯性力系附加在多质点体系上[11]。低层冷弯薄壁型钢结构高宽比小，受力状态由基本振型主导，此时结构的高阶振型对于结构剪力的影响有限，因此采用简化的方式也可满足工程设计精度的要求。

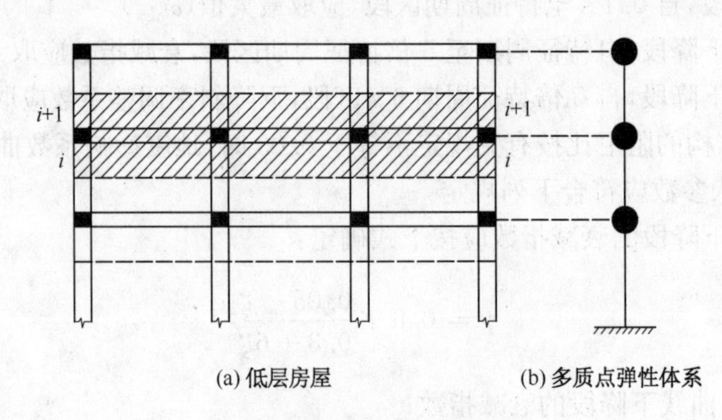

(a) 低层房屋　　(b) 多质点弹性体系

图 3.16　多质点体系示意

(1) 采用底部剪力法时，各楼层可仅取一个自由度，结构的水平地震作用标准值，应按下列公式确定(图 3.17)：

$$F_{\mathrm{Ek}} = \alpha_1 G_{\mathrm{eq}} \tag{3.12}$$

$$F_i = \frac{G_i H_i}{\sum_{j=1}^{n} G_j H_j} F_{\mathrm{Ek}} \quad (i = 1, 2, \cdots, n) \tag{3.13}$$

式中　F_{Ek}——结构总水平地震作用标准值；

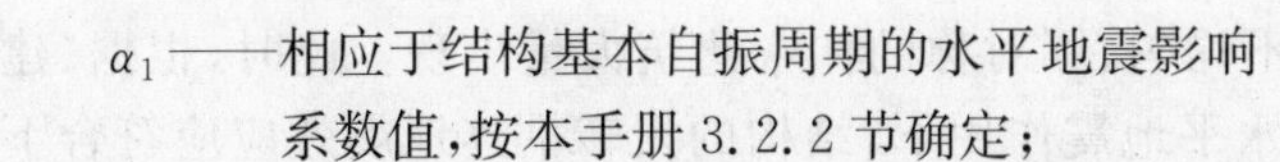

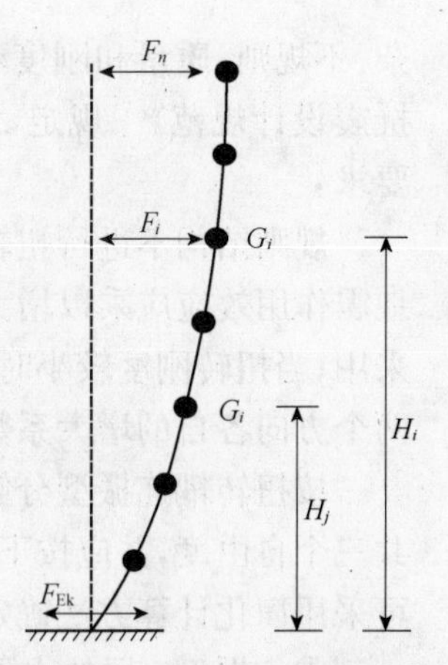

图 3.17　结构水平地震作用计算简图

α_1——相应于结构基本自振周期的水平地震影响系数值，按本手册 3.2.2 节确定；

G_{eq}——结构等效总重力荷载，单质点应取总重力荷载代表值，多质点可取总重力荷载代表值的 85%；

F_i——质点 i 的水平地震作用标准值；

G_i、G_j——分别为集中于质点 i、j 的重力荷载代表值，按式(3.8)确定；

H_i、H_j——分别为质点 i、j 的计算高度。

(2) 采用振型分解反应谱法时，不进行扭转耦连计算的结构，应按下列规定计算其地震作用和作用效应：

结构 j 振型 i 质点的水平地震作用标准值，应按下列公式确定：

$$F_{ji} = \alpha_j \gamma_j X_{ji} G_i \quad (i = 1, 2\cdots, n, j = 1, 2\cdots, m) \tag{3.14}$$

$$\gamma_j = \frac{\sum_{i=1}^{n} X_{ji} G_i}{\sum_{i=1}^{n} X_{ji}^2 G_i} \tag{3.15}$$

式中　F_{ji}——j 振型 i 质点的水平地震作用标准值；

α_j——相应于 j 振型自振周期的地震影响系数，按本手册 3.2.2 节确定；

X_{ji}——j 振型 i 质点的水平相对位移；

γ_j——j 振型的参与系数。

当相邻振型的周期比小于 0.85 时，水平地震作用效应(剪力和变形)可按下式确定：

$$S_{Ek} = \sqrt{\sum S_j^2} \tag{3.16}$$

式中　S_{Ek}——水平地震作用标准值的效应；

S_j——j 振型水平地震作用标准值的效应，可只取前 2～3 个振型，当基本自振周期大于 1.5 s 时，振型个数应适当增加。

(3) 从抗震要求来讲，要求建筑的平面简单、规则和对称，竖向体型力求规则均匀，避免有过大的外挑和内收，尽量减少由结构的刚度和质量的不均匀、不对称而造成的偏心。而为了满足建筑外观形体多样化的功能和要求，近年来，平立面复

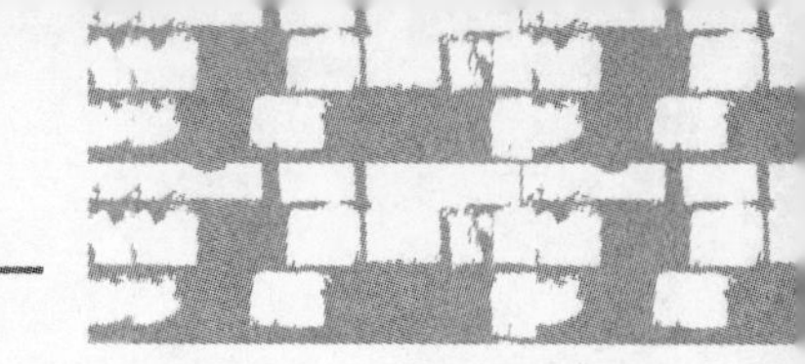

杂、不规则、质量和刚度不均匀、不对称的住宅建筑大量出现。此时，根据《建筑抗震设计规范》[5]规定，水平地震作用下，结构的扭转耦连地震效应应符合下列要求：

规则结构不进行扭转耦连计算时，平行于地震作用方向的两个边榀各构件，其地震作用效应应乘以增大系数。一般情况下，短边可按 1.15 采用，长边可按 1.05 采用；当扭转刚度较小时，周边各构件宜按不小于 1.3 采用。角部构件宜同时乘以两个方向各自的增大系数。

按扭转耦连振型分解法计算时，各楼层可取两个正交的水平位移和一个转角共三个自由度，并应按下列公式计算结构的地震作用和作用效应。确有依据时，尚可采用简化计算方法确定地震作用效应。

① j 振型 i 层的水平地震作用标准值，应按下列公式确定：

$$
\begin{aligned}
F_{xji} &= \alpha_j \gamma_{tj} X_{ji} G_i \\
F_{yji} &= \alpha_j \gamma_{tj} Y_{ji} G_i \quad (i = 1, 2\cdots, n, j = 1, 2\cdots, m) \\
F_{tji} &= \alpha_j \gamma_{tj} r_i^2 \varphi_{ji} G_i
\end{aligned}
\tag{3.17}
$$

式中 F_{xji}、F_{yji}、F_{tji} ——分别为 j 振型 i 层的 x、y 方向和转角方向的地震作用标准值；

X_{ji}、Y_{ji} ——分别为 j 振型 i 层质心在 x、y 方向的水平相对位移；

φ_{ji} ——j 振型 i 层的相对扭转角；

r_i ——i 层转动半径，可取 i 层绕质心的转动惯量除以该层质量的商正二次方根；

γ_{tj} ——计入扭转的 j 振型的参与系数，可按下列公式确定：

当仅取 x 方向地震作用时

$$
\gamma_{tj} = \frac{\sum_{i=1}^{n} X_{ji} G_i}{\sum_{i=1}^{n} (X_{ji}^2 + Y_{ji}^2 + \varphi_{ji}^2 r_i^2) G_i} \tag{3.18}
$$

当仅取 y 方向地震作用时

$$
\gamma_{tj} = \frac{\sum_{i=1}^{n} Y_{ji} G_i}{\sum_{i=1}^{n} (X_{ji}^2 + Y_{ji}^2 + \varphi_{ji}^2 r_i^2) G_i} \tag{3.19}
$$

当取与 x 方向斜交的地震作用时，

$$\gamma_{tj} = \gamma_{xj}\cos\theta + \gamma_{yj}\sin\theta \tag{3.20}$$

式中　γ_{xj}、γ_{yj}——分别由式(3.18)、式(3.19)求得的振型参与系数；

θ——地震作用方向与 x 方向的夹角。

② 单向水平地震作用下的扭转耦连效应，可按下列公式确定：

$$S_{\mathrm{Ek}} = \sqrt{\sum_{j=1}^{m}\sum_{k=1}^{m}\rho_{jk}S_jS_k} \tag{3.21}$$

$$\rho_{jk} = \frac{8\sqrt{\zeta_j\zeta_k}(\zeta_j + \lambda_{\mathrm{T}}\zeta_k)\lambda_{\mathrm{T}}^{1.5}}{(1-\lambda_{\mathrm{T}}^2)^2 + 4\zeta_j\zeta_k(1+\lambda_{\mathrm{T}}^2)\lambda_{\mathrm{T}} + 4(\zeta_j^2+\zeta_k^2)\lambda_{\mathrm{T}}^2} \tag{3.22}$$

式中　S_{Ek}——地震作用标准值的扭转效应；

S_j、S_k——分别为 j、k 振型地震作用标准值的效应，可取前 9～15 个振型；

ζ_j、ζ_k——分别为 j、k 振型的阻尼比；

ρ_{jk}—— j 振型与 k 振型的耦连系数；

λ_{T}——k 振型与 j 振型的自振周期比。

③ 单向水平地震作用下的扭转耦连效应，可按下列公式中的较大值确定：

$$S_{\mathrm{Ek}} = \sqrt{S_x^2 + (0.85S_y)^2} \tag{3.23}$$

或

$$S_{\mathrm{Ek}} = \sqrt{S_y^2 + (0.85S_x)^2} \tag{3.24}$$

式中　S_x、S_y——x 向、y 向单向水平地震作用按式(3.21)计算的扭转效应。

(4) 抗震验算时，结构任一楼层的水平地震剪力应符合下式要求：

$$V_{\mathrm{Ek}i} > \lambda\sum_{j=i}^{n}G_j \tag{3.25}$$

式中　$V_{\mathrm{Ek}i}$——第 i 层对应于水平地震作用标准值的楼层剪力；

λ——剪力系数，不应小于表 3.7 规定的楼层最小地震剪力系数值；

G_j——第 j 层的重力荷载代表值。

表 3.7　楼层最小地震剪力系数值

类别	6 度	7 度	8 度	9 度
扭转效应明显或基本周期小于 3.5 s 的结构	0.008	0.016(0.024)	0.032(0.048)	0.064
基本周期大于 5.0 s 的结构	0.006	0.012(0.018)	0.024(0.036)	0.048

3.3 冷弯薄壁型钢房屋设计要点

3.3.1 有效截面设计

在冷弯薄壁型钢结构设计中，构件的单个板件通常较薄，且宽厚比大。这种薄壁板件如果承受弯曲或轴向压力作用，在应力水平低于钢材屈服点时就有可能发生局部屈曲，如图 3.18 所示的帽形截面的受压翼缘。与柱等一维构件不同，加劲受压板件发生局部屈曲后，不会破坏，可以通过应力重分布，继续承受附加荷载，这就是板的屈曲后强度。因此设计冷弯薄壁型钢构件截面的板件时，应以屈曲后强度为基础，而不是以临界局部屈曲应力为基础[10]。

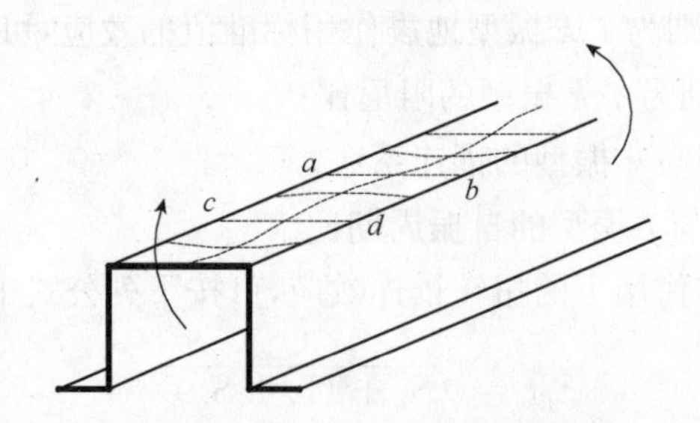

图 3.18 帽形截面梁受压翼缘的局部屈曲

屈曲前板中应力均匀分布，如图 3.19(a)所示。屈曲之后，板中心部分板条屈曲前荷载中的一部分传至板边缘部分，形成非均匀应力分布，如图 3.19(b)所示。直到边缘应力达到钢材屈服点，应力重分布才终止，板开始破坏如图 3.19(c)所示。为简化计算，假设总荷载由均匀分布的板边应力 f_{max} 承担，且 f_{max} 的分布宽度为假想的“有效宽度”b_e，以代替考虑沿整个板宽度 b 的非均匀分布应力，如图 3.20 所示。宽度 b_e 按照实际非均匀应力分布下的曲线面积等于总宽度 b_e、应力强度为板边应力 f_{max} 的等效矩形阴影面积之和的条件确定[10]。

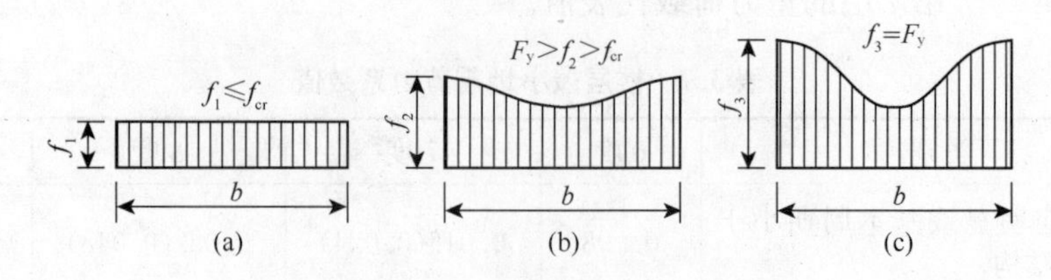

图 3.19 加劲受压板件中的应力分布

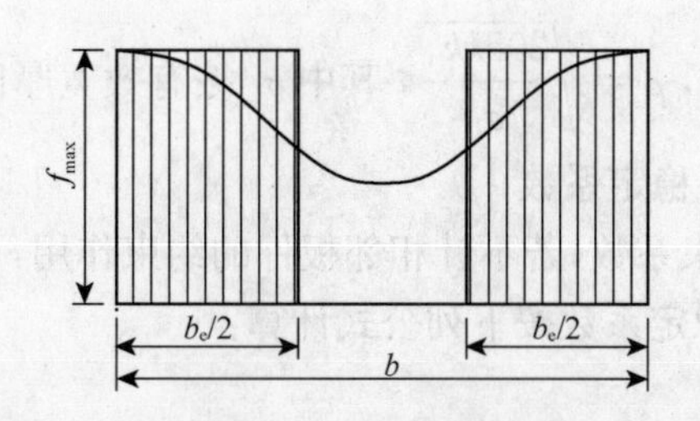

图 3.20 受压板的有效宽度

(1) 加劲板件、部分加劲板件和非加劲板件的有效宽厚比应按下列公式计算：

当 $\dfrac{b}{t} \leqslant 18\alpha\rho$ 时

$$\frac{b_e}{t}=\frac{b_c}{t} \tag{3.26}$$

当 $18\alpha\rho \leqslant \dfrac{b}{t} \leqslant 38\alpha\rho$ 时

$$\frac{b_e}{t}=\left(\sqrt{\frac{21.8\alpha\rho}{\frac{b}{t}}}-0.1\right)\cdot\frac{b_c}{t} \tag{3.27}$$

当 $\dfrac{b}{t} \geqslant 38\alpha\rho$ 时

$$\frac{b_e}{t}=\frac{25\alpha\rho}{\frac{b}{t}}\cdot\frac{b_c}{t} \tag{3.28}$$

式中 b ——板件宽度；

t ——板件厚度；

b_e ——板件有效宽度；

α ——计算系数，$\alpha = 1.15 - 0.15\psi$，当 $\psi < 0$ 时，取 $\alpha = 1.15$；

ψ ——压应力分布不均匀系数，$\psi = \dfrac{\sigma_{min}}{\sigma_{max}}$；

σ_{max} ——受压板件边缘的最大压应力，取正值；

σ_{min} ——受压板件另一边缘的应力，压应力为正，拉应力为负；

b_c ——板件受压区宽度，当 $\psi \geqslant 0$ 时，$b_c = b$；当 $\psi < 0$ 时，$b_c = \dfrac{b}{1-\psi}$；

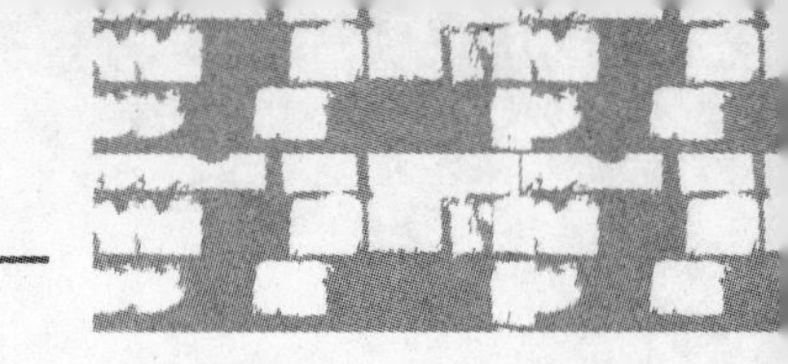

ρ——计算系数，$\rho=\sqrt{\frac{205kk_1}{\sigma_1}}$，其中 σ_1 按有效宽厚比相关规定确定；

k——板件受压稳定系数；

k_1——板组约束系数，若不计相邻板件的约束作用，可取 $k_1=1$。

(2) 受压板件的稳定系数按下列公式计算：

① 加劲板件

当 $1>\psi>0$ 时

$$k=7.8-8.15\psi+4.35\psi^2 \tag{3.29}$$

当 $0\geqslant\psi\geqslant-1$ 时

$$k=7.8-6.29\psi+9.78\psi^2 \tag{3.30}$$

② 部分加劲板件

(a) 最大压应力作用于支承边，如图 3.21(a)所示。

当 $\psi\geqslant-1$ 时

$$k=5.89-11.59\psi+6.68\psi^2 \tag{3.31}$$

(b) 最大压应力作用于部分加劲边，如图 3.21(b)所示。

当 $\psi\geqslant-1$ 时

$$k=1.15-0.22\psi+0.045\psi^2 \tag{3.32}$$

③ 非加劲板件

(a) 最大压应力作用于支承边，如图 3.21(c)所示。

当 $1\geqslant\psi>0$ 时

$$k=1.70-3.025\psi+1.75\psi^2 \tag{3.33}$$

当 $0\geqslant\psi>-0.4$ 时

$$k=1.70-1.75\psi+55\psi^2 \tag{3.34}$$

当 $-0.4\geqslant\psi\geqslant-1$ 时

$$k=6.07-9.51\psi+8.33\psi^2 \tag{3.35}$$

(b) 最大压应力作用于自由边，如图 3.21(d)所示。

当 $\psi\geqslant-1$ 时

$$k=0.567-0.213\psi+0.071\psi^2 \tag{3.36}$$

注意：当 $\psi < -1$ 时，以上各式的 k 值按 $\psi = -1$ 的值采用。

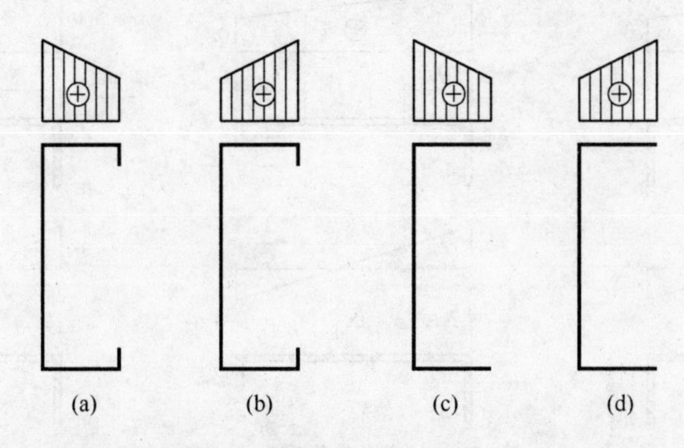

图3.21　部分加劲板件和非加劲板件的应力分布示意

(3) 受压板件的板组约束系数按下列公式计算：

当 $\xi \leqslant 1.1$ 时

$$k_1 = \frac{1}{\sqrt{\xi}} \tag{3.37}$$

当 $\xi > 1.1$ 时

$$k_1 = 0.11 + \frac{0.93}{(\xi - 0.05)^2} \tag{3.38}$$

$$\xi = \frac{c}{b}\sqrt{\frac{k}{k_c}} \tag{3.39}$$

式中　b ——计算板件的宽度；

c ——与计算板件邻接的板件宽度，如果计算板件两边均有邻接板件时，即计算板件为加劲板件时，取压应力较大一边的邻接板件的宽度；

k ——符号意义同前，即计算板件的受压稳定系数；

k_c ——邻接板件的受压稳定系数。

当 $k_1 \geqslant k_1'$ 时，取 $k_1 = k_1'$，即 k_1' 为 k_1 的上限值。对于加劲板件 $k_1' = 1.7$；对于部分加劲板件 $k_1' = 2.4$；对于非加劲板件 $k_1' = 3.0$。当计算板件只有一边有邻接板件，即计算板件为非加劲板件或部分加劲板件，且邻接板件受拉时，取 $k_1 = k_1'$。

(4) 当受压板件的宽厚比 $\left(\frac{b}{t}\right)$ 大于有效宽厚比 $\left(\frac{b_e}{t}\right)$ 时，受压板件的有效截面应自截面的受压部分按图 3.22 所示位置扣除其超出部分（即图中不带斜线部分）来确定。截面的受拉部分则全部有效。

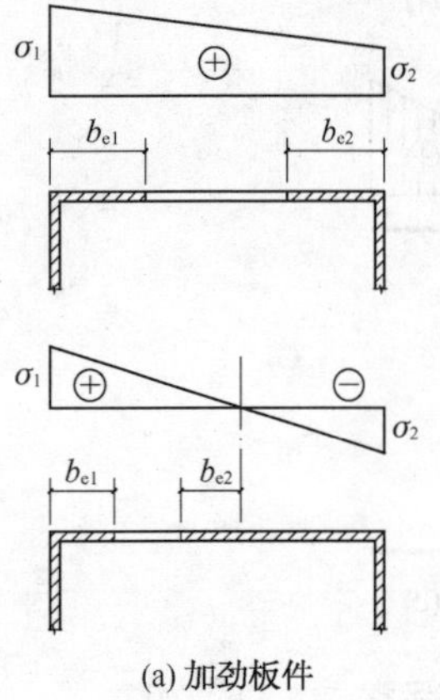

(a) 加劲板件

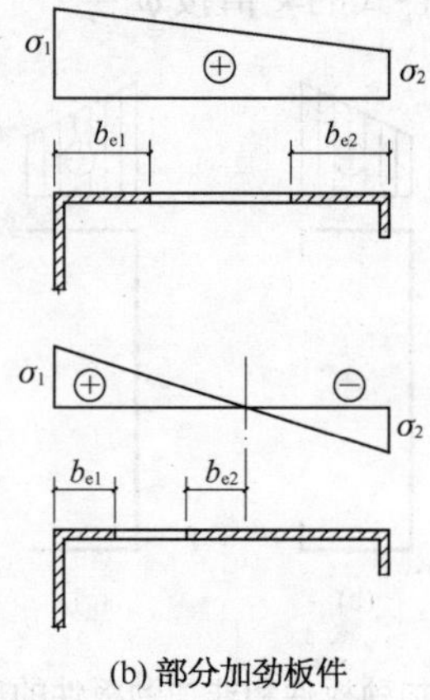

(b) 部分加劲板件

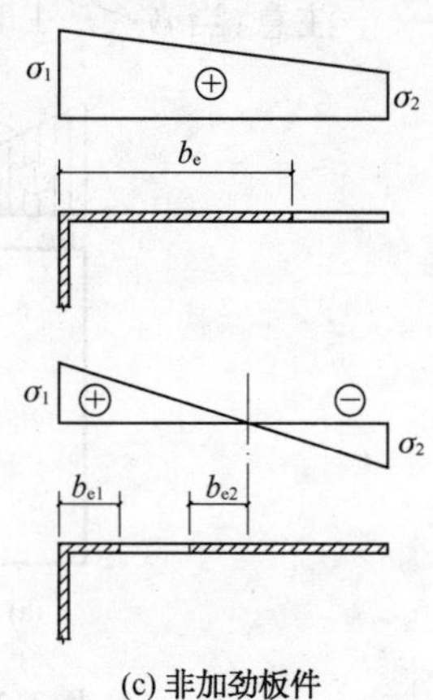

(c) 非加劲板件

图 3.22　受压板件的有效截面

图 3.22 中的 b_{e1} 和 b_{e2} 按下列规定计算：

对于加劲板件：

当 $\psi \geqslant 0$ 时：

$$b_{e1} = \frac{2b_c}{5-\psi},\ b_{e2} = b_e - b_{e1} \tag{3.40}$$

当 $\psi < 0$ 时：

$$b_{e1} = 0.4b_e,\ b_{e2} = 0.6b_e \tag{3.41}$$

对于部分加劲板件及非加劲板件：

$$b_{e1} = 0.4b_e,\ b_{e2} = 0.6b_e \tag{3.42}$$

式中 b_e 按本节第 1 条确定。

(5) 关于板件的有效宽厚比应遵循下列规定确定：

① 对于轴心受压构件，最大压应力板件的 σ_1 为构件最大长细比所确定的轴心受压构件的稳定系数与钢材强度设计值的乘积（φf）。

② 对于压弯构件，截面上各板件的压应力分布不均匀系数 ψ 应由构件毛截面按强度计算，不考虑双力矩的影响。最大压应力板件的 σ_1 取钢材的强度设计值 f，其余板件的最大压应力按 ψ 推算。

③ 对于受弯及拉弯构件，截面上各板件的压应力分布不均匀系数 ψ 及最大压应力应由构件毛截面按强度计算，不考虑双力矩的影响。

④ 板件的受拉部分全部有效。

3.3.2 墙体结构设计

低层冷弯薄壁型钢房屋墙体系统如图 3.23 所示，是由冷弯薄壁型钢骨架、墙体结构面板、填充保温材料等通过螺钉连接组合而成的复合体。为了便于设计计算，根据墙体在建筑中所处位置、受力状态划分为外墙、内墙、承重墙、抗震墙和非承重墙等几类。承重墙的立柱承担冷弯薄壁型钢房屋的全部竖向荷载，抗震墙则承受水平风荷载及水平地震作用。承重墙和抗震墙应由立柱、顶导梁和底导梁、支撑、拉条和撑杆、墙体结构面板等部件组成。非承重墙可不设置支撑、拉条和撑杆。墙体立柱的间距宜为 400～600 mm。

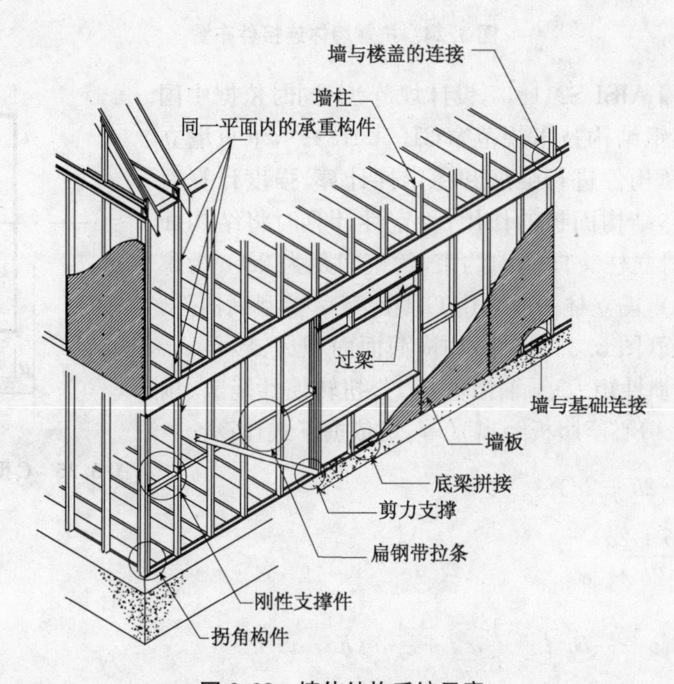

图 3.23 墙体结构系统示意

此外，冷弯薄壁型钢房屋结构的抗震墙体，在上、下墙体间应设置抗拔连接件，与基础间应设置地脚螺栓和抗拔连接件，如图 3.24 所示。抗拔连接件，如抗拔锚栓、抗拔钢带等，是连接抗震墙体与基础以及上下抗震墙体并传递水平荷载的重要部件，因此，抗震墙体的抗拔连接件设置必须要保证房屋结构整体传递水平荷载的可靠性。对仅承受竖向荷载的承重墙单元，也可不设抗拔件。足尺墙体拟静力试验和振动台试验表明，抗拔连接件对保证结构整体抗倾覆能力具有重要作用，设计及安装必须对此予以充分重视。

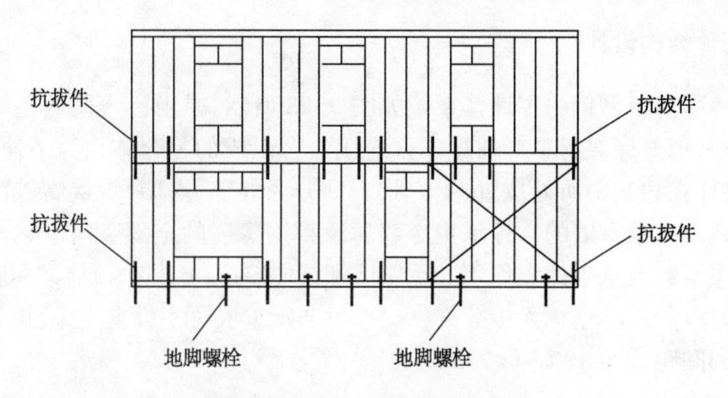

图 3.24　抗震墙体连接件布置

参考美国 AISI S211-07 设计规范[12]，同时依据中国《冷弯薄壁型钢结构技术规范》(GB 50018)[8]，承重墙立柱按轴心受压构件进行强度和稳定性计算，强度计算时不考虑时墙体结构面板的作用；稳定性计算时将结构面板等效为龙骨立柱 x 向侧向约束，约束间距为 $2c$(c 为螺钉间距)。承重墙立柱一般采用 C 型冷弯薄壁型钢构件，此时构件截面(图 3.25)特性，如横截面面积 A、形心 z_0、剪心 e_0、x 轴惯性矩 I_x、y 轴惯性矩 I_y、扭转惯性矩 I_t、扇性惯性矩 I_w、剪心至腹板距离 d 等，可依据下式计算：

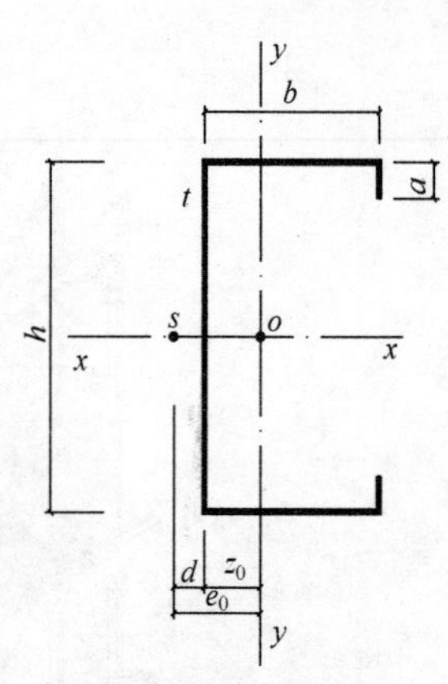

图 3.25　C 型截面特性

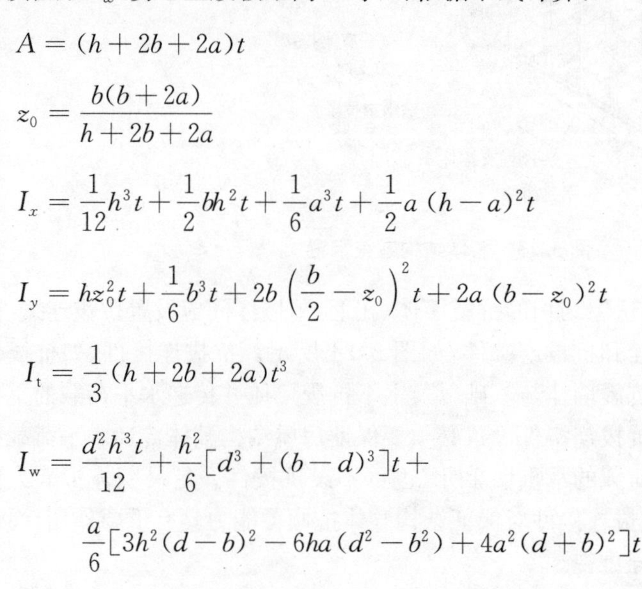

$$A=(h+2b+2a)t$$

$$z_0=\frac{b(b+2a)}{h+2b+2a}$$

$$I_x=\frac{1}{12}h^3t+\frac{1}{2}bh^2t+\frac{1}{6}a^3t+\frac{1}{2}a\,(h-a)^2t$$

$$I_y=hz_0^2t+\frac{1}{6}b^3t+2b\left(\frac{b}{2}-z_0\right)^2t+2a\,(b-z_0)^2t$$

$$I_t=\frac{1}{3}(h+2b+2a)t^3$$

$$I_w=\frac{d^2h^3t}{12}+\frac{h^2}{6}[d^3+(b-d)^3]t+$$

$$\frac{a}{6}[3h^2(d-b)^2-6ha(d^2-b^2)+4a^2(d+b)^2]t$$

$$d=\frac{b}{I_x}\left(\frac{1}{4}bh^2+\frac{1}{2}ah^2-\frac{2}{3}a^3\right)t$$

$$e_0=d+z_0$$

图 3.26 为承重墙立柱横截面示意，墙体立柱的设计计算如下所述：

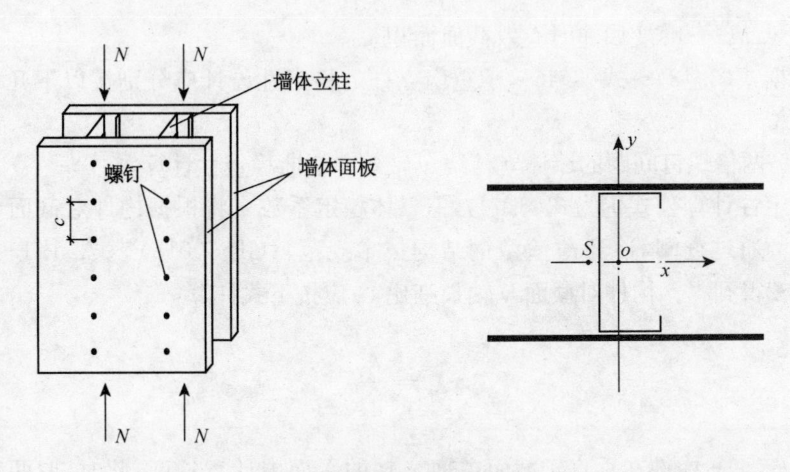

图 3.26　承重墙体示意

1. 强度计算

轴心受压构件强度应按下式计算：

$$\frac{N}{A_{en}}\leqslant f \tag{3.43}$$

式中　A_{en}——考虑局部屈曲的有效净截面面积（净截面指构件全截面减去开洞部分），按本手册第 3.3.1 节公式计算；

f——材料抗压强度设计值，见表 2.1。

2. 稳定性计算

轴心受压构件的整体稳定性应按下式计算：

$$\frac{N}{\varphi A_e}\leqslant f \tag{3.44}$$

式中　φ——轴心受压构件的整体稳定系数，应按《冷弯薄壁型钢结构技术规范》(GB 50018)表 A.1.1-1 或表 A.1.1-2 采用[8]；

A_e——考虑局部屈曲的有效截面面积。

此外,冷弯薄壁型钢构件还应考虑畸变屈曲的影响,可按下列公式进行畸变屈曲稳定性计算:

$$\frac{N}{A_{cd}} \leqslant f \tag{3.45}$$

式中　A_{cd} ——畸变屈曲时有效截面面积。

根据式(3.43)~式(3.45),承重墙立柱的稳定性设计应分别按以下几步进行计算:

(1) 两倍螺钉间距的墙体立柱绕 y 轴弯曲屈曲稳定性计算

稳定性计算公式仍为式(3.44),但整体稳定系数 φ 将根据构件对截面 y 轴长细比 λ_y,通过查阅《冷弯薄壁型钢结构技术规范》(GB 50018)表 A.1.1-1 或表 A.1.1-2得到[8]。构件对截面 y 轴长细比 λ_y 应按下式计算:

$$\lambda_y = \frac{l_{oy}}{i_y} \tag{3.46}$$

式中　l_{oy} ——构件在垂直于截面主轴 y 轴的平面内计算长度,此时,取两倍螺钉间距即 $2c$;

i_y ——构件毛截面对其主轴 y 轴的回转半径,且 $i_y = \sqrt{\frac{I_y}{A}}$。

(2) 立柱弯扭屈曲稳定性计算

立柱弯扭屈曲包括绕 x 轴弯曲屈曲(计算长度取立柱全长 l)和两倍螺钉间扭转屈曲(计算长度取两倍螺钉间距 $2c$)。此时,稳定性计算公式仍为式(3.44),但整体稳定系数 φ 将根据构件弯扭屈曲的换算长细比 λ_w,通过查阅《冷弯薄壁型钢结构技术规范》(GB 50018)表 A.1.1-1 或表 A.1.1-2 得到[8]。构件弯扭屈曲的换算长细比 λ_w 应按下式计算:

$$\lambda_w = \lambda_x \sqrt{\frac{s^2 + i_0^2}{2s^2} + \sqrt{\left(\frac{s^2 + i_0^2}{2s^2}\right)^2 - \frac{i_0^2 - e_0^2}{s^2}}} \tag{3.47}$$

$$\lambda_x = \frac{l_{ox}}{i_x} \tag{3.48}$$

$$s^2 = \frac{\lambda_x^2}{A}\left(\frac{I_w}{l_w^2} + 0.039 I_t\right) \tag{3.49}$$

$$i_0^2 = e_0^2 + i_x^2 + i_y^2 \tag{3.50}$$

式中　λ_x——构件对截面 x 轴长细比；

l_{ox}——构件在垂直于截面主轴 x 轴的平面内计算长度，此时，取立柱全长即 l；

i_x——构件毛截面对其主轴 x 轴的回转半径，且 $i_x = \sqrt{\dfrac{I_x}{A}}$；

I_ω——毛截面扇性惯性矩；

I_t——毛截面抗扭惯性矩；

e_0——毛截面剪心在坐标轴坐标；

l_w——扭转屈曲的计算长度，取两倍螺钉间距，即 $2c$。

(3) 立柱畸变屈曲验算

按式(3.45)进行龙骨立柱畸变屈曲验算，其中，A_{cd} 与畸变屈曲长细比 λ_{cd} 有关，且依据下列公式计算得到：

$$\lambda_{cd} = \sqrt{\frac{f_y}{\sigma_{cd}}} \tag{3.51}$$

当 $\lambda_{cd} < 1.414$ 时

$$A_{cd} = A\left(1 - \frac{\lambda_{cd}^2}{4}\right) \tag{3.52}$$

当 $1.414 \leqslant \lambda_{cd} \leqslant 3.6$ 时

$$A_{cd} = A[0.055(\lambda_{cd} - 3.6)^2 + 0.237] \tag{3.53}$$

式中　A——构件毛截面面积；

A_{cd}——畸变屈曲时有效截面面积；

λ_{cd}——确定 A_{cd} 用的无量纲长细比；

f_y——钢材屈服强度；

σ_{cd}——轴压弹性畸变屈曲应力。

对于C型截面构件，可利用美国约翰·霍普金斯大学的 Schafer 教授编制的免费软件 CUFSM（网址：http://www.ce.jhu.edu/bschafer/cufsm/finite_strip_old/cufsmarchive.htm）计算，亦可根据澳大利亚冷弯薄壁型钢规范（AS/NZS 4600）[13] 按照下式计算：

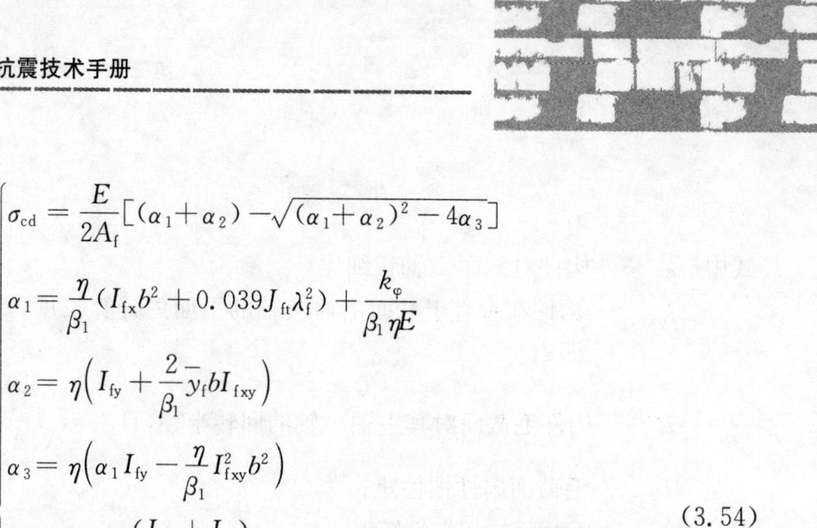

$$
\begin{cases}
\sigma_{\mathrm{cd}}=\dfrac{E}{2A_{\mathrm{f}}}\left[(\alpha_1+\alpha_2)-\sqrt{(\alpha_1+\alpha_2)^2-4\alpha_3}\right] \\
\alpha_1=\dfrac{\eta}{\beta_1}(I_{\mathrm{fx}}b^2+0.039J_{\mathrm{ft}}\lambda_{\mathrm{f}}^2)+\dfrac{k_{\varphi}}{\beta_1\eta E} \\
\alpha_2=\eta\left(I_{\mathrm{fy}}+\dfrac{2}{\beta_1}\bar{y}_{\mathrm{f}}bI_{\mathrm{fxy}}\right) \\
\alpha_3=\eta\left(\alpha_1 I_{\mathrm{fy}}-\dfrac{\eta}{\beta_1}I_{\mathrm{fxy}}^2b^2\right) \\
\beta_1=\bar{x}_{\mathrm{f}}^2+\dfrac{(I_{\mathrm{fx}}+I_{\mathrm{fy}})}{A_f} \\
\lambda_f=4.80\left(\dfrac{I_x b^2 h}{t^3}\right)^{0.25} \\
\eta=\left(\dfrac{\pi}{\lambda_{\mathrm{f}}}\right)^2 \\
k_{\varphi}=\dfrac{Et^3}{5.46(h+0.06\lambda_{\mathrm{f}})}\left[1-\dfrac{1.11\sigma'_{\mathrm{cd}}}{Et^2}\left(\dfrac{h^2\lambda_{\mathrm{f}}}{h^2+\lambda_{\mathrm{f}}^2}\right)^2\right]
\end{cases}
\tag{3.54}
$$

式中，σ'_{cd} 仍由式(3.54)的 σ_{cd} 公式计算，但 α_1 应改用下式计算：

$$\alpha_1=\frac{\eta}{\beta_1}(I_{\mathrm{fx}}b^2+0.039J_{\mathrm{ft}}\lambda_{\mathrm{f}}^2) \tag{3.55}$$

此外，A_{f}、$\bar{x}_{\mathrm{f}}$、$\bar{y}_{\mathrm{f}}$、J_{ft}、I_{fx}、I_{fy}、I_{fxy} 为C型截面的卷边受压翼缘截面特性，且通过下式计算：

$$A_{\mathrm{f}}=(b+a)t;\ \bar{x}_{\mathrm{f}}=\frac{(b^2+2ba)}{2(b+a)};\ \bar{y}_{\mathrm{f}}=\frac{a^2}{2(b+a)};\ J_{\mathrm{ft}}=\frac{t^3(b+a)}{3}$$

$$I_{\mathrm{fx}}=\frac{bt^3}{12}+\frac{a^3t}{12}+bt\bar{y}_{\mathrm{f}}^2+at\left(\frac{a}{2}-\bar{y}_{\mathrm{f}}\right)^2;$$

$$I_{\mathrm{fy}}=\frac{b^3t}{12}+\frac{at^3}{12}+at(b-\bar{x}_{\mathrm{f}})^2+bt\left(\bar{x}_{\mathrm{f}}-\frac{b}{2}\right)^2$$

$$I_{\mathrm{fxy}}=bt\left(\frac{b}{2}-\bar{x}_{\mathrm{f}}\right)(-\bar{y}_{\mathrm{f}})+at\left(\frac{a}{2}-\bar{y}_{\mathrm{f}}\right)(b-\bar{x}_{\mathrm{f}})$$

3. 板材一螺钉连接件强度验算

除按第1、2步计算墙体立柱强度及稳定性外，美国 AISI S211-07 设计规范[12]还要求墙体设计时进行墙体板材一螺钉连接件的强度验算，此时，应按下式

计算：

$$N \cdot 0.02 \leqslant P_{max} \tag{3.56}$$

式中　N——单根墙体立柱竖向荷载设计值，取其2%作为连接件荷载设计值；

P_{max}——板材－螺钉连接件抗剪强度，根据表2.8、表2.9取值。

冷弯薄壁型钢承重墙体满足第1、2、3步公式要求，则可认为该墙体满足强度及稳定性条件。

此外，冷弯薄壁型钢抗震墙体的端部、门窗洞口边等位置与抗拔锚栓连接的拼合立柱仍应按本节规定以轴心受力构件设计计算，但轴心力为倾覆力矩产生的轴向力N_s与原有轴力的叠加。其中各层由倾覆力矩产生的轴向力N_s可按式(3.57)和图3.27计算。

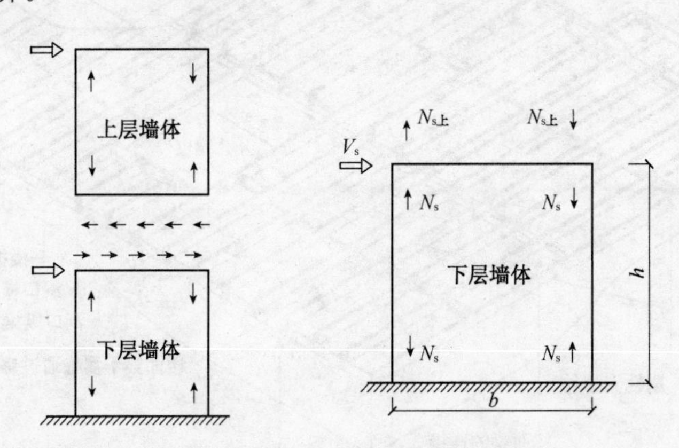

图3.27　上、下层由倾覆力矩引起的向上抗拔力和向下压力

$$N_s = \frac{\eta V_s H}{w} \tag{3.57}$$

式中　N_s——由倾覆力矩引起的向上拉拔力和向下压力；

η——轴力修正系数：当为拉力时，$\eta=1.25$，当为压力时，$\eta=1$；

V_s——一对抗拔连接件之间墙体段承受的水平剪力，参考本手册第3.3.5节计算；

H——墙体高度；

w——抗剪墙体单元宽度，即一对抗拔连接件之间墙体宽度。

3.3.3　楼盖系统设计

低层冷弯薄壁型钢房屋楼盖系统由冷弯薄壁槽形构件、卷边槽形构件、楼面结构板和支撑、拉条、加劲件所组成，构件与构件之间宜用螺钉可靠连接。当房屋设计有地下室或半地下室，或者底层架空设置时，相应的一层地面承力系统也称为楼盖系。楼盖系统基本构造如图 3.28 所示。

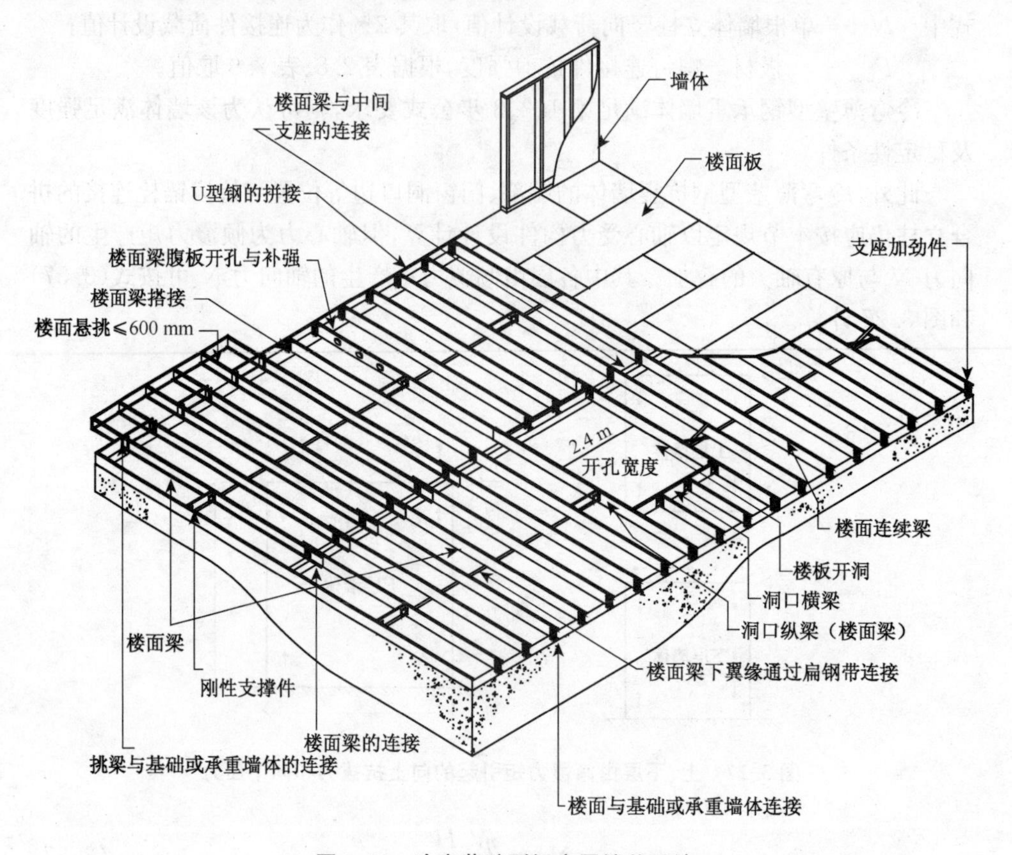

图 3.28　冷弯薄壁型钢房屋楼盖系统

楼面梁是冷弯薄壁型钢房屋楼盖系统的主要受力构件，因对其强度、刚度和稳定性进行计算。简化计算时，楼面梁（包括连续梁、边梁和悬挑梁）应按受弯构件验算其强度、整体稳定性以及支座处腹板的局部稳定性。计算楼面梁的强度和刚度时，可不考虑楼面板为楼面梁提供的有利作用。

此外，为了保证楼面梁的整体稳定性和楼盖系统的整体性，防止楼面梁整体或局部倾斜，楼面连续梁应在中间支座处设置刚性撑杆，悬挑梁应在支承处设置刚性撑杆。同时，当楼面梁跨度较大时，还应在跨中布置刚性撑杆和下翼缘连续钢带支撑，阻止梁整体扭转失稳。当楼面梁的上翼缘与结构面板通过螺钉可靠连接，且楼面梁间的刚性支撑和钢带支撑的布置满足本手册楼盖连接构造要求时，梁的整体

稳定可不验算。当楼面梁支撑处布置腹板承压加劲件时，楼面梁腹板的局部稳定性可不验算。

楼面梁腹板有开孔的，应符合本手册梁、柱腹板开孔构造要求。楼面板开洞不宜超过本手册规定的最大宽度，并符合本手册楼板开洞要求。

1. 受弯构件强度和整体稳定性计算

(1) 荷载偏离截面弯心且与主轴倾斜的受弯构件(图 3.29)的强度和稳定性应按下式计算：

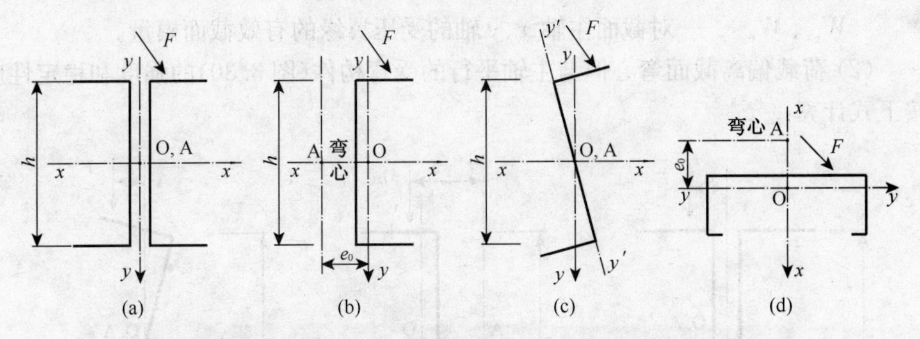

图 3.29　荷载偏离弯心且与主轴倾斜的受弯构件截面示意

① 强度计算

$$\sigma=\frac{M_{x}}{W_{enx}}+\frac{M_{y}}{W_{eny}}+\frac{B}{W_{\omega}}\leqslant f \tag{3.58}$$

$$\tau=\frac{V_{max}S}{It}\leqslant f_{v} \tag{3.59}$$

式中 M_x、M_y——对截面主轴 x、y 轴的弯矩(图 3.29 所示的截面中，x 轴为强轴，y 轴为弱轴)；

V_{max}——x 轴或 y 轴方向的最大剪力；

B——与所取弯矩同一截面的双力矩。当受弯构件的受压翼缘上有铺板，且与受压翼缘牢固相连并能阻止受压翼缘侧向变位和扭转时，$B=0$，此时可不验算受弯构件的稳定性。其他情况，B 可按《冷弯薄壁型钢结构技术规范》(GB 50018)附录 A 中 A.4 的规定计算[8]；

S——计算剪应力处以上截面对中和轴的面积矩；

I——毛截面惯性矩；

t——腹板厚度之和；

W_{enx}、W_{eny}——对截面主轴 x、y 轴的有效净截面模量；

W_{ω}——与所取弯矩引起的应力同一验算点处的毛截面扇性模量；

f ——钢材抗压强度设计值,见表 2.1；

f_v ——钢材抗剪强度设计值,见表 2.1。

② 稳定性计算

$$\frac{M_x}{\varphi_{bx}W_{ex}}+\frac{M_y}{W_{ey}}+\frac{B}{W_\omega}\leqslant f \tag{3.60}$$

式中 φ_{bx} ——受弯构件的整体稳定系数,按《冷弯薄壁型钢结构技术规范》(GB 50018)附录 A 中 A.2 的规定计算[8]；

W_{ex}、W_{ey} ——对截面主轴 x、y 轴的受压翼缘的有效截面模量。

(2) 荷载偏离截面弯心但与主轴平行的受弯构件(图 3.30)的强度和稳定性应按下式计算：

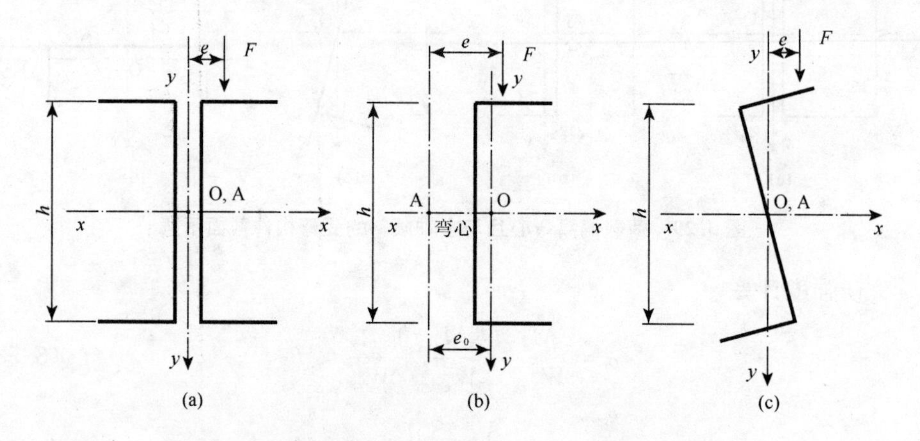

图 3.30 荷载偏离弯心并与主轴平行的受弯构件截面示意

此时,当进行强度和稳定性计算时,公式(3.58)和公式(3.60)中对截面主轴 y 轴的弯矩 $M_y=0$；另外,公式(3.61)和公式(3.63)中的 M_x 取为 M_{max},即跨间对主轴 x 轴的最大弯矩。

① 强度计算

$$\sigma=\frac{M_x}{W_{enx}}+\frac{B}{W_\omega}\leqslant f \tag{3.61}$$

$$\tau=\frac{V_{max}S}{It}\leqslant f_v \tag{3.62}$$

② 稳定性计算

$$\frac{M_x}{\varphi_{bx}W_{ex}}+\frac{B}{W_\omega}\leqslant f \tag{3.63}$$

(3) 荷载通过截面弯心但与主轴平行的受弯构件(图 3.31)的强度和稳定性应按下式计算：

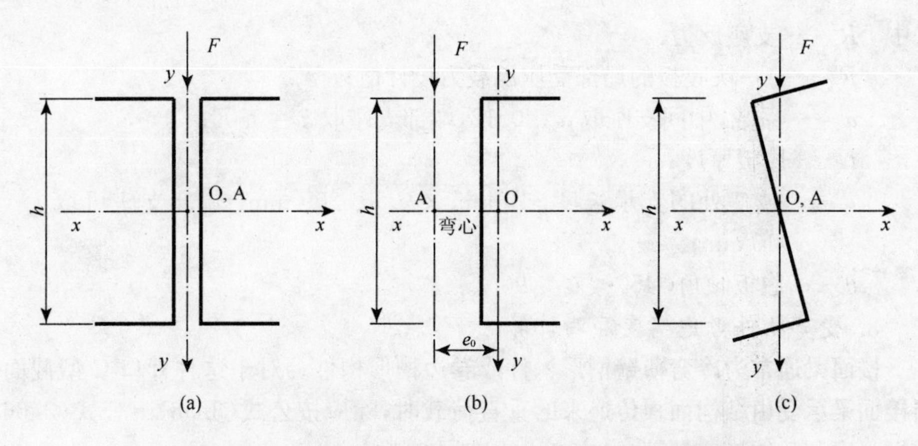

图 3.31　荷载通过弯心并与主轴平行的受弯构件截面示意

此时，当进行强度和稳定性计算时，将不考虑双力矩的影响，公式(3.61)和公式(3.63)中 $B=0$；另外，公式(3.64)和公式(3.66)中的 M_x 取为 M_{max}，即跨间对主轴 x 轴的最大弯矩。

① 强度计算

$$\sigma=\frac{M_x}{W_{enx}}\leqslant f \tag{3.64}$$

$$\tau=\frac{V_{max}S}{It}\leqslant f_v \tag{3.65}$$

② 稳定性计算

$$\frac{M_x}{\varphi_{bx}W_{ex}}\leqslant f \tag{3.66}$$

2. 受弯构件支座处腹板的局部承压和局部稳定计算

(1) 当支座处有承压加劲件时，腹板应按轴心受压构件的整体稳定性计算，见公式(3.44)。计算长度取受弯构件截面的高度，截面积取加劲件截面积及加劲件两侧各 $15t\sqrt{\frac{235}{f_y}}$ 宽度范围内的腹板截面积之和(t 为腹板厚度)。

(2) 当支座处无加劲件时，腹板应按下列公式验算其局部受压承载力：

$$R\leqslant R_w \tag{3.67}$$

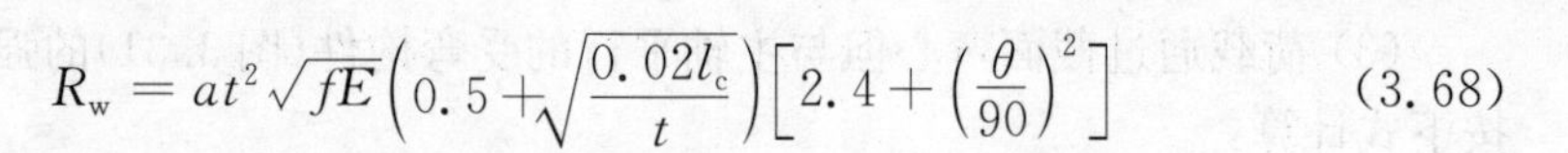

$$R_w = at^2\sqrt{fE}\left(0.5+\sqrt{\frac{0.02l_c}{t}}\right)\left[2.4+\left(\frac{\theta}{90}\right)^2\right] \tag{3.68}$$

式中 R——支座反力；

R_w——一块腹板的局部受压承载力设计值；

a——系数，中间支座取 $a=0.12$，端部支座取 $a=0.06$；

t——腹板厚度；

l_c——支座处的支承长度，$10\ \text{mm}<l_c<200\ \text{mm}$，端部支座可取 $l_c=10\ \text{mm}$；

θ——腹板倾角（$45°<\theta<90°$）。

3. 受弯构件考虑畸变屈曲计算

楼面梁通常为冷弯薄壁槽形构件或卷边槽形构件。对于这种开口C型截面，当楼面梁承受由结构面板传递来的垂直荷载时，除应按公式(3.58)～公式(3.66)进行强度和整体稳定计算，尚应考虑畸变屈曲影响。

当C型开口截面构件符合下列情况之一时，可不考虑畸变屈曲对构件承载力的影响。

(1) 构件受压翼缘有可靠的限制畸变屈曲变形的约束。

(2) 构件长度小于构件畸变屈曲半波长（λ）。畸变屈曲半波长可按下列公式计算：

对轴压卷边槽形截面，

$$\lambda = 4.8\left(\frac{I_x bh^2}{t^3}\right)^{0.25} \tag{3.69}$$

对受弯卷边槽形和Z型截面，

$$\lambda = 4.8\left(\frac{I_x bh^2}{2t^3}\right)^{0.25} \tag{3.70}$$

$$I_x = \frac{a^3 t\left(1+\frac{4b}{a}\right)}{\left[12\left(1+\frac{b}{a}\right)\right]} \tag{3.71}$$

式中 h——腹板高度；

b——翼缘宽度；

a——卷边高度；

t——壁厚；

I_x——绕 x 轴毛截面惯性矩。

(3) 构件截面采取了其他有效抑制畸变屈曲发生的措施。

当C型开口截面构件不满足上述情况时，应进行畸变屈曲稳定性计算：

当 $k_{\varphi} \geqslant 0$ 时：

$$M \leqslant M_{\mathrm{d}} \tag{3.72}$$

当 $k_{\varphi} < 0$ 时：

$$M \leqslant \frac{W_{\mathrm{e}}}{W} M_{\mathrm{d}} \tag{3.73}$$

式中 M——计算弯矩；

k_{φ}——系数，可按《低层冷弯薄壁型钢房屋建筑技术规程》(JGJ 227)附录C中第C.0.2条的规定计算[9]；

W——截面模量；

W_{e}——有效截面模量；

M_{d}——畸变屈曲受弯承载力设计值，按下列规定计算：

① 当畸变屈曲的模态为卷边槽形和Z型截面的翼缘绕翼缘与腹板的交线转动时，畸变屈曲受弯承载力设计值应按下列公式计算：

$$\lambda_{\mathrm{md}} = \sqrt{\frac{f_{\mathrm{y}}}{\sigma_{\mathrm{md}}}} \tag{3.74}$$

当 $\lambda_{\mathrm{md}} \leqslant 0.673$ 时：

$$M_{\mathrm{d}} = Wf \tag{3.75}$$

当 $\lambda_{\mathrm{md}} > 0.673$ 时：

$$M_{\mathrm{d}} = \frac{Wf}{\lambda_{\mathrm{md}}}\left(1 - \frac{0.22}{\lambda_{\mathrm{md}}}\right) \tag{3.76}$$

② 当畸变屈曲的模态为竖直腹板横向弯曲且受压翼缘发生横向位移时，畸变屈曲受弯承载力设计值应按下列公式计算：

当 $\lambda_{\mathrm{md}} < 1.414$ 时：

$$M_{\mathrm{d}} = Wf\left(1 - \frac{\lambda_{\mathrm{md}}^{2}}{4}\right) \tag{3.77}$$

当 $\lambda_{\mathrm{md}} \geqslant 1.414$ 时：

$$M_{\mathrm{d}} = Wf \cdot \frac{1}{\lambda_{\mathrm{md}}^{2}} \tag{3.78}$$

式中 λ_{md} ——确定 M_d 的无量纲长细比；

σ_{md} ——受弯时的畸变屈曲应力，按《低层冷弯薄壁型钢房屋建筑技术规程》(JGJ 227)附录 C 中第 C. 0. 2 条的规定计算[9]。

4. 受弯构件刚度验算

楼面梁按受弯构件计算，除满足强度及稳定性要求外，还应进行挠度验算，按下列公式计算：

$$\nu \leqslant [\nu] \tag{3.79}$$

式中 ν——在荷载标准值作用下的最大挠度；

$[\nu]$——楼面梁的容许挠度值，按受弯构件的挠度限值取，见表 3. 1。

3.3.4 屋盖系统设计

低层冷弯薄壁型钢房屋屋盖系统由屋架、檩条、支撑和上铺的屋面板组成，其基本构造如图 3. 32 所示。目前，屋面承重结构主要分为桁架[图 3. 32(a)]和斜梁[图 3. 33(b)]两种形式，桁架体系以承受轴力为主，斜梁以承受弯矩为主。

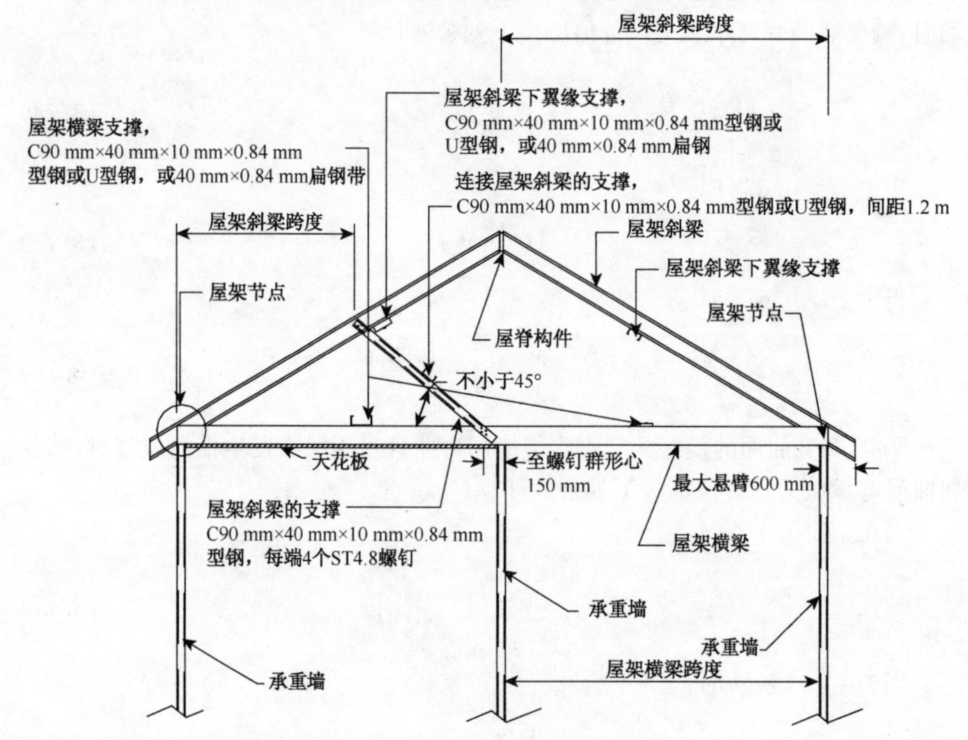

图 3. 32 冷弯薄壁型钢结构屋架构造

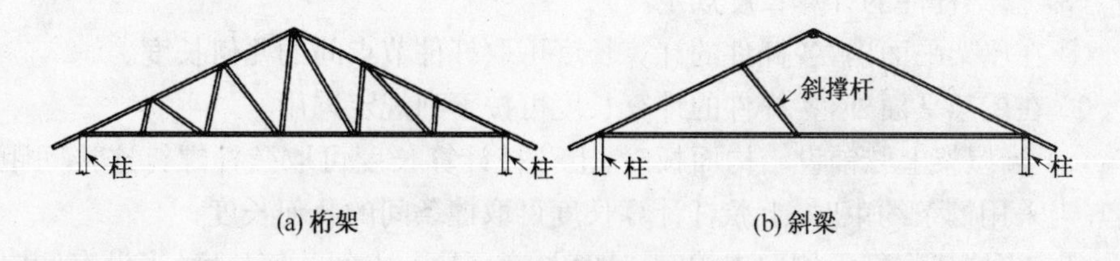

图 3.33　屋面承重结构

1. 屋架

(1) 一般规定

低层冷弯薄壁型钢房屋多为有檩屋盖体系，常采用三角形屋架和三铰拱屋架。屋架上弦应铺设结构板或设置屋面钢带拉条支撑。当屋架采用钢带拉条支撑时，支撑与所有屋架的交点处应用螺钉连接。屋架下弦宜铺设结构板或设置纵向支撑杆件。屋架腹板处宜设置纵向侧向支撑和交叉支撑，可以有效减少腹杆在平面外的计算长度，有利于保持屋架的整体稳定。

设计屋架时，应考虑由于风吸力作用引起构件内力变化的不利影响，此时永久荷载的荷载分项系数应取 1.0。

实际工程中屋架弦杆为一根连续的构件，而腹杆通过螺钉与弦杆相连。计算屋架各杆件内力时，可假定屋架弦杆为连续杆，腹杆与弦杆的节点为铰接。屋架的力学简化模型可见图 3.34，与实际屋架的构造完全相符。

屋架弦杆按压弯构件的相关规定进行承载力和整体稳定计算，腹杆按轴心受力构件的相关规定进行计算。

当屋架腹杆采用与弦杆背靠背连接时(图 3.35)，腹杆设计应考虑面外偏心距的影响，按绕弱轴弯曲的压弯构件计算，偏心距应取腹杆截面腹板外表面到形心的距离。

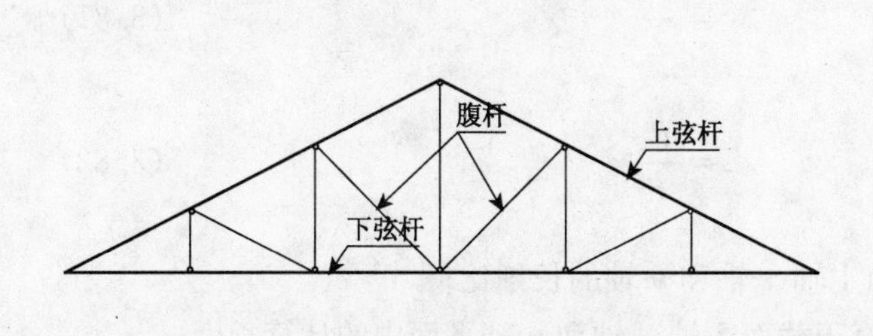

图 3.34　屋架力学简化模型

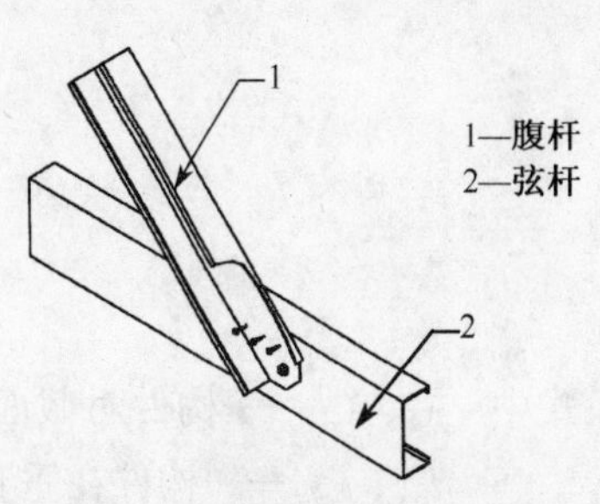

图 3.35　腹杆与弦杆连接节点

(2) 屋架杆件的计算长度规定

① 在屋架平面内,各杆件的计算长度可取杆件节点间的几何长度。

② 在屋架平面外,各杆件的计算长度可按下列规定采用:

(a) 当屋架上弦铺设结构面板时,上弦杆计算长度可取弦杆螺钉连接间距的2倍;当采用檩条约束时,上弦杆计算长度可取檩条间的几何长度;

(b) 当屋架腹杆无侧向支撑时,计算长度可取节点间几何长度;当设有侧向支撑时,计算长度可取节点与屋架腹杆侧向支撑点间的几何长度;

(c) 当屋架下弦铺设结构面板时,下弦杆计算长度可取弦杆螺钉连接间距的2倍;当采用纵向支撑杆件时,下弦杆计算长度可取侧向不动点间的几何长度。

(3) 构件设计

① 轴心受拉构件的强度计算:

$$\sigma = \frac{N}{A_{\mathrm{n}}} \leqslant f \tag{3.80}$$

式中 σ——正应力;

N——轴心力;

A_{n}——净截面面积;

f——钢材的强度设计值,见表2.1。

计算开口截面的轴心受拉构件的强度时,若轴心力不通过截面弯心(或不通过Z型截面的扇性零点),则应考虑双力矩的影响。此条款也同样适用于轴心受压、压(拉)弯构件。

② 轴心受压构件的强度应按公式(3.43)计算,整体稳定性应按公式(3.44)计算。计算轴心受压构件的稳定系数时,其长细比应取按下列公式算得的较大值:

$$\lambda_{\mathrm{x}} = \frac{l_{\mathrm{ox}}}{i_{\mathrm{x}}} \tag{3.81}$$

$$\lambda_{\mathrm{y}} = \frac{l_{\mathrm{oy}}}{i_{\mathrm{y}}} \tag{3.82}$$

式中 λ_{x}、λ_{y}——构件对截面主轴 x 轴和 y 轴的长细比;

l_{ox}、l_{oy}——构件在垂直于截面主轴 x 轴和 y 轴平面内的计算长度;

i_{x}、i_{y}——构件毛截面对其主轴 x 轴和 y 轴的回转半径。

当轴心受压构件为单轴对称开口截面(图3.36)时,其长细比尚应考虑按下列公式计算，并与按公式(3.81)、(3.82)计算值比较取较大值：

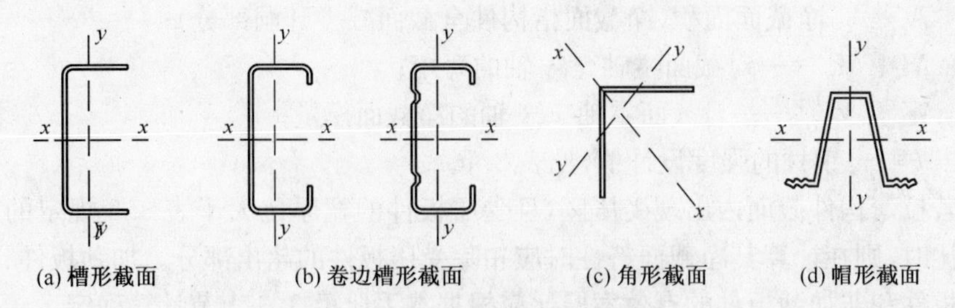

图 3.36　单轴对称开口截面类型

$$\lambda_\omega = \lambda_x\sqrt{\frac{s^2+i_o^2}{2s^2}+\sqrt{\left(\frac{s^2+i_o^2}{2s^2}\right)^2-\frac{i_o^2-\alpha e_o^2}{s^2}}} \tag{3.83}$$

$$s^2 = \frac{\lambda_x^2}{A}\left(\frac{I_\omega}{l_\omega^2}+0.039I_t\right) \tag{3.84}$$

$$i_o^2 = e_o^2 + i_x^2 + i_y^2 \tag{3.85}$$

式中　λ_ω——弯扭屈曲的换算长细比；

I_ω——毛截面扇性惯性矩；

I_t——毛截面抗扭惯性矩；

e_o——毛截面的弯心在对称轴上的坐标；

l_ω——扭转屈曲的计算长度，$l_\omega = \beta \cdot l$；

l——无缀板时，为构件的几何长度；有缀板时，取两相邻缀板中心线的最大间距；

α、β——约束系数，按表 3.8 采用。

表 3.8　开口截面轴心受压和压弯构件的约束系数

项次	构件两端的支承情况	无缀板		有缀板	
		α	β	α	β
1	两端铰接，端部截面可以自由翘起	1.00	1.00	—	—
2	两端嵌固，端部截面的翘曲完全约束	1.00	0.50	0.80	1.00
3	两端铰接，端部截面的翘曲完全约束	0.72	0.50	0.80	1.00

③ 拉弯构件的强度计算：

$$\sigma = \frac{N}{A_n} \pm \frac{M_x}{W_{nx}} \pm \frac{M_y}{W_{ny}} \leqslant f \tag{3.86}$$

式中 N——轴心力；

A_n——净截面面积(净截面指构件全截面减去开洞部分)；

M_x、M_y——对截面主轴 x、y 轴的弯矩；

W_{nx}、W_{ny}——对截面主轴 x、y 轴的净截面模量；

f——钢材的强度设计值,见表 2.1。

若拉弯构件截面内出现受压区,且受压板件的宽厚比大于表 3.2 规定的有效宽厚比时,则在计算其净截面特性时应扣除受压板件的超出部分。加劲板件、部分加劲板件和非加劲板件的有效宽厚比应根据本手册第 3.3.1 节计算确定。

④ 压弯构件的强度计算：

$$\sigma=\frac{N}{A_{en}}\pm\frac{M_x}{W_{enx}}\pm\frac{M_y}{W_{eny}}\leqslant f \tag{3.87}$$

式中 A_{en}——有效净截面面积,按本手册第 3.3.1 节公式计算；

M_x、M_y——对截面主轴 x、y 轴的弯矩；

W_{enx}、W_{eny}——对截面主轴 x、y 轴的有效净截面模量；

f——钢材的强度设计值,见表 2.1。

⑤ 压弯构件的稳定性计算：

(a) 双轴对称单向压弯构件(图 3.37)应分别计算弯矩作用平面内的弯曲失稳和弯矩作用平面外的弯扭失稳。

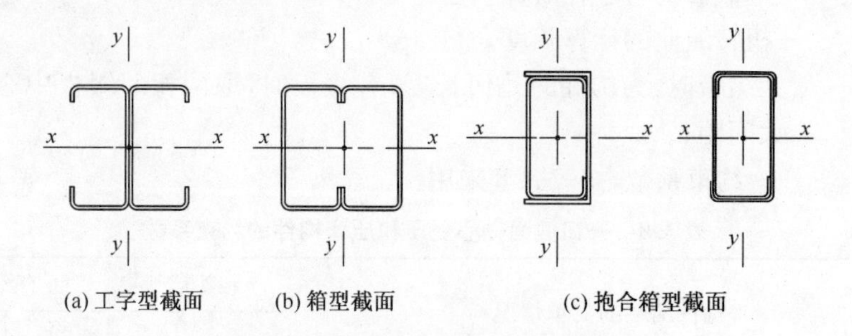

图 3.37 双轴对称拼合截面类型

当弯矩作用于对称平面内时(假定绕 x 轴),应按下列公式计算弯矩作用平面内的稳定性：

$$\frac{N}{\varphi_x A_e}+\frac{\beta_{mx}M_x}{\left(1-\frac{N}{N'_{Ex}}\varphi_x\right)W_{ex}}\leqslant f \tag{3.88}$$

当弯矩作用在最大刚度平面内时(假定绕强轴 x 轴),应按下列公式计算弯矩

作用平面外的稳定性：

$$\frac{N}{\varphi_y A_e}+\frac{\eta M_x}{\varphi_{bx} W_{ex}}\leqslant f \tag{3.89}$$

式中　N——压弯构件轴心压力设计值；

M_x——计算弯矩设计值，取构件全长范围内的最大弯矩；

A_e——有效截面面积，按本手册第 3.3.1 节公式计算；

W_{ex}——弯矩作用平面内(对 x 轴)最大受压边缘的有效截面模量；

φ_x——弯矩作用平面内(对 x 轴)的轴心受压构件稳定系数，其对应的长细比应按公式(3.81)确定，然后按《冷弯薄壁型钢结构技术规范》(GB 50018)附录 A 中表 A.1 查表[8]；

φ_y——弯矩作用平面外(对 y 轴)的轴心受压构件稳定系数，其对应的长细比应按公式(3.82)确定，然后按《冷弯薄壁型钢结构技术规范》(GB 50018)附录 A 中表 A.1 查表[8]；

φ_{bx}——绕 x 轴(强轴)的受弯构件整体稳定系数，其对应的长细比应按《冷弯薄壁型钢结构技术规范》(GB 50018)附录 A 中 A.2.1 的规定计算[8]，闭口截面可取 $\varphi_{bx}=1.0$；

β_{mx}——等效弯矩系数，按公式(3.90)确定；

η——截面系数，闭口截面 $\eta=0.7$，其他截面 $\eta=1.0$；

N'_{Ex}——系数，为欧拉临界力除以抗力分项系数，$N'_{Ex}=\dfrac{\pi^2 EA}{1.165\lambda_x^2}$。

按双轴对称单向压弯构件公式进行平面内稳定验算时，其中，等效弯矩系数 β_m 应按下列规定采用：

i. 构件端部无侧移且无中间横向荷载时：

$$\beta_m=0.6+0.4\frac{M_2}{M_1} \tag{3.90}$$

式中　M_1、M_2——分别为绝对值较大和较小的端弯矩，当构件以单曲率弯曲时，$\dfrac{M_2}{M_1}$ 取正值，当构件以双曲率弯曲时，$\dfrac{M_2}{M_1}$ 取负值；

ii. 构件端部无侧移但有中间横向荷载时，$\beta_m=1.0$；

iii. 构件端部有侧移时，$\beta_m=1.0$。

(b) 双轴对称双向压弯构件，其稳定性计算公式实际是单向压弯构件整体稳定计算公式的推广，属于实用经验公式：

$$\frac{N}{\varphi_x A_e}+\frac{\beta_{mx} M_x}{\left(1-\frac{N}{N'_{Ex}}\varphi_x\right)W_{ex}}+\frac{\eta M_y}{\varphi_{by} W_{ey}}\leqslant f \tag{3.91}$$

$$\frac{N}{\varphi_y A_e}+\frac{\eta M_x}{\varphi_{bx} W_{ex}}+\frac{\beta_{my} M_y}{\left(1-\frac{N}{N'_{Ey}}\varphi_y\right)W_{ey}}\leqslant f \tag{3.92}$$

式中符号意义同双轴对称单向压弯构件稳定性计算公式,下标 x 和 y 分别指绕 x 和 y 轴。φ_{by} 为绕 y 轴(弱轴)的受弯构件整体稳定系数,先计算其对应的长细比,然后按《冷弯薄壁型钢结构技术规范》(GB 50018)附录 A 中 A. 2. 3 的规定查表[8]。

(c) 单轴对称开口截面的压弯构件稳定性计算:

i. 单轴对称开口截面的压弯构件(图 3. 38),当弯矩作用于对称平面内时(绕 y 轴),应按公式(3. 88)计算弯矩作用平面内的稳定性,尚应按公式(3. 89)计算弯矩作用平面外的稳定性,此时,轴心受压构件稳定系数 φ 对应的长细比应为弯扭屈曲换算长细比 λ_ω,其计算公式如下:

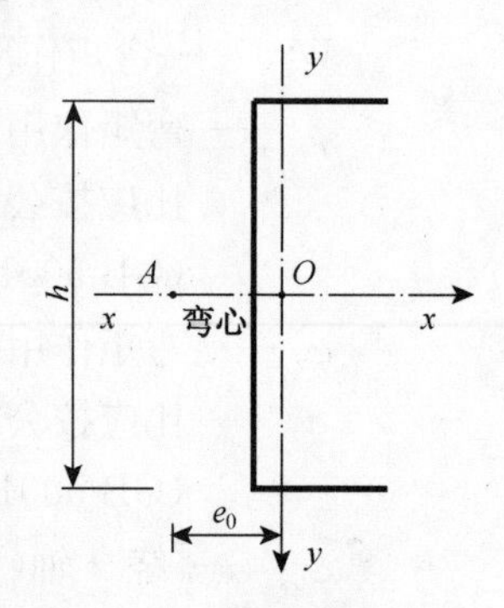

图 3. 38 单轴对称开口截面示意

$$\lambda_\omega=\lambda_x\sqrt{\frac{s^2+a^2}{2s^2}+\sqrt{\left(\frac{s^2+a^2}{2s^2}\right)^2-\frac{a^2-a\,(e_0-e_x)^2}{s^2}}} \tag{3.93}$$

$$a^2=e_0^2+i_x^2+2e_x\left(\frac{U_y}{2I_y}-e_0-\xi_2 e_a\right) \tag{3.94}$$

$$U_y=\int_A x(x^2+y^2)\mathrm{d}A \tag{3.95}$$

式中 e_x ——等效偏心距,$e_x=\pm\frac{\beta_m M}{N}$,当偏心在截面弯心一侧时,$e_x$ 为负;当偏心在与截面弯心相对的另一侧时,e_x 为正;M 为构件计算段的最大弯矩;

ξ_2 ——横向荷载作用位置影响系数,按《冷弯薄壁型钢结构技术规范》(GB 50018)附录 A 中表 A. 2. 1 选取[8];

s ——计算系数,按公式(3. 84)计算;

e_a ——横向荷载作用点到弯心的距离,对于偏心压杆或当横向荷载作用在弯心时 $e_a=0$;当荷载不作用在弯心且荷载方向指向弯心时 e_a 为负,

而离开弯心时 e_a 为正。

对于单轴对称开口截面的压弯构件(图 3.38)，当弯矩作用在对称平面内(绕 y 轴)且使截面在弯心一侧受压时，尚应满足公式(3.96)：

$$\left|\frac{N}{A_e}-\frac{\beta_{my}M_y}{\left(1-\frac{N}{N'_{Ey}}\right)W'_{ey}}\right|\leqslant f \tag{3.96}$$

式中 N ——压弯构件轴心压力设计值；

M_y ——计算弯矩设计值，取构件全长范围内的最大弯矩；

A_e ——有效截面面积，按本手册第 3.3.1 节公式计算；

β_{my} ——对 y 轴的等效弯矩系数，按公式(3.90)确定；

W'_{ey} ——对 y 轴的较小有效截面模量；

N'_{Ey} ——系数，$N'_{Ey}=\dfrac{\pi^2 EA}{1.165\lambda_y^2}$。

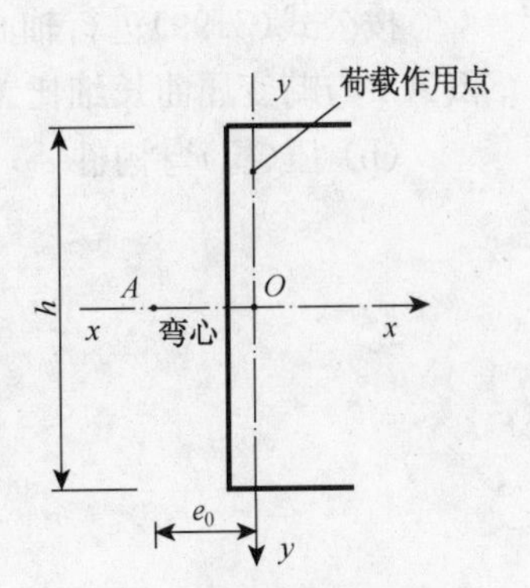

图 3.39 单轴对称开口截面绕对称轴弯曲示意

ii. 单轴对称开口截面的压弯构件(图 3.39)，当弯矩作用于非对称主平面内时(绕 x 轴)，应按下列公式分别计算其弯矩作用平面内和平面外的稳定性：

平面内

$$\frac{N}{\varphi_x A_e}+\frac{\beta_{mx}M_x}{\left(1-\frac{N}{N'_{Ex}}\varphi_x\right)W_{ex}}+\frac{B}{W_\omega}\leqslant f \tag{3.97}$$

平面外

$$\frac{N}{\varphi_y A_e}+\frac{M_x}{\varphi_{bx}W_{ex}}+\frac{B}{W_\omega}\leqslant f \tag{3.98}$$

式中 B ——与所取弯矩同一截面的双力矩，当压弯构件的受压翼缘上有铺板，且与受压翼缘牢固相连并能阻止受压翼缘侧向变位和扭转时，$B=0$，此时可不验算受弯构件的稳定性；其他情况，B 可按《冷弯薄壁型钢结构技术规范》(GB 50018)附录 A 中 A.4 的规定计算[8]；

W_ω ——与所取弯矩引起的应力同一验算点处的毛截面扇性模量。

式中其他符号意义同双轴对称单向压弯构件稳定性计算公式(3.88)和公式(3.89)。

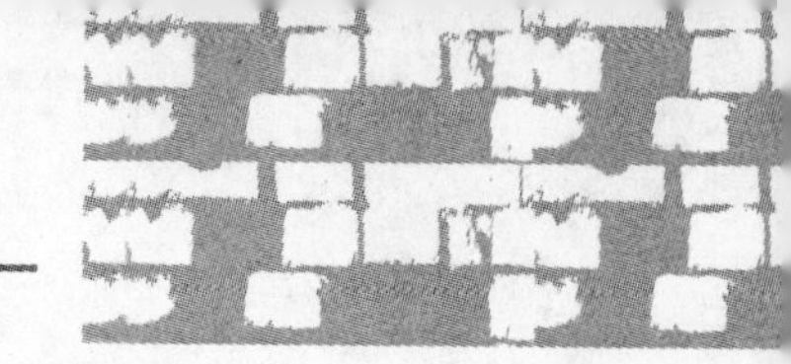

⑥ 考虑畸变屈曲的构件设计

轴心受压构件、压(拉)弯构件除按以上公式进行计算外，开口截面还应考虑畸变屈曲的影响，可按下列公式进行计算：

(a) 轴心受压构件

$$N \leqslant A_{cd} f \tag{3.99}$$

按公式(3.99)进行轴心受压构件畸变屈曲验算，其中，畸变屈曲时有效截面面积 A_{cd} 与畸变屈曲长细比 λ_{cd} 有关，可按公式(3.51)～公式(3.55)计算得到。

(b) 压(拉)弯构件

$$\frac{N}{N_j} + \frac{\beta_m M}{M_j} \leqslant 1.0 \tag{3.100}$$

$$N_j = \min(N_c,\ N_A) \tag{3.101}$$

$$M_j = \min(M_c,\ M_A) \tag{3.102}$$

$$N_c = \varphi A_e f \tag{3.103}$$

$$M_c = \left(1 - \frac{N}{N'_E}\varphi\right) W_e f \tag{3.104}$$

$$N_A = A_{cd} f \tag{3.105}$$

$$M_A = \left(1 - \frac{N}{N'_E}\varphi\right) M_d \tag{3.106}$$

$$N'_E = \frac{\pi^2 EA}{1.165\lambda^2} \tag{3.107}$$

$$b_{es} = b_e - 0.1t\left(\frac{b}{t} - 60\right) \tag{3.108}$$

式中 φ——轴心受压构件的稳定系数，按《冷弯薄壁型钢结构技术规范》(GB 50018)附录 A 中表 A.1 采用[8]；

A_e——有效截面面积，根据本手册第 3.3.1 条规定确定。对于受压板件宽厚比大于 60 的板件，应采用公式(3.108)对板件有效宽度进行折减；

λ——轴心受压构件长细比，取按公式(3.81)和公式(3.82)计算的较大值；

b_e——板件有效宽度，根据本手册第 3.3.1 条规定确定；

b_{es}——折减后的板件有效宽度；

N_c——整体失稳时轴压承载力设计值；

N_A ——畸变屈曲时轴压承载力设计值；

A_{cd} ——畸变屈曲时的有效截面面积；

M_c ——考虑轴力影响的整体失稳受弯承载力设计值；

M_A ——考虑轴力影响的畸变屈曲受弯承载力设计值；

M_d ——畸变屈曲受弯承载力设计值，按本手册公式(3.74)～公式(3.78)确定；

β_m ——等效弯矩系数，按公式(3.90)确定。

2. 檩条

檩条宜优先采用实腹式构件。实腹式檩条宜采用卷边槽形和斜卷边Z型冷弯薄壁型钢，也可采用直卷边的Z型冷弯薄壁型钢。

当檩条跨度大于4 m时，宜在檩条间跨中位置设置拉条或撑杆。当檩条跨度大于6 m时，应在檩条跨度三分点处各设一道拉条或撑杆。

屋架弦杆上的檩条可按简支或多跨连续构件设计，若有拉条，可视为檩条的侧向支承点。

实腹式檩条(图3.40)的计算，应符合下列规定：

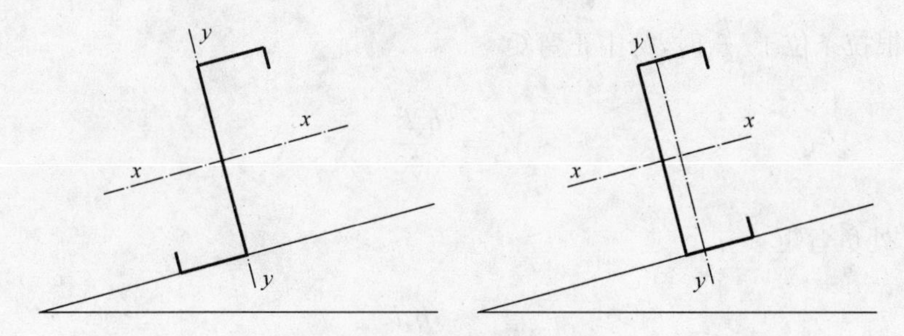

图3.40　实腹式檩条示意

(1) 当屋面能阻止檩条侧向位移和扭转时，可仅按下列公式计算檩条在风荷载效应参与组合时的强度，而整体稳定性可不做计算。

$$\frac{M_x}{W_{enx}}+\frac{M_y}{W_{eny}}\leqslant f \tag{3.109}$$

式中　M_x、M_y ——刚度最大主平面(由 q_y 引起)和刚度最小主平面(由 q_x 引起)的弯矩；

W_{enx}、W_{eny} ——对截面主轴 x、y 轴的有效净截面模量。

公式中的弯矩 M_x 和 M_y 可按下列规定采用[16]：

① 在刚度最大主平面(绕 x 轴)由 q_y 引起的弯矩：

单跨简支构件：跨中最大弯矩

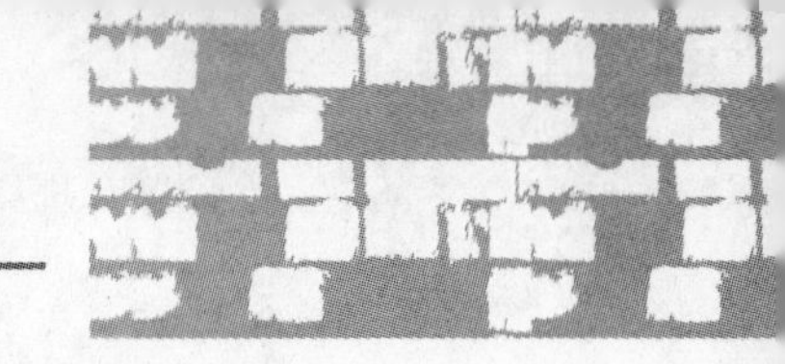

$$M_x = \frac{q_y l^2}{8} \tag{3.110}$$

多跨连续构件：不考虑活荷载的不利组合，跨中和支座弯矩均近似取

$$M_x = \frac{q_y l^2}{10} \tag{3.111}$$

② 在刚度最小主平面（绕 y 轴）由 q_x 引起的弯矩，按简支梁或连续梁（设有拉条时，视拉条为檩条的侧向支承点）按下式规定计算：

檩条无拉条时，跨中弯矩

$$M_y = \frac{q_x l^2}{8} \tag{3.112}$$

一根拉条位于 $\frac{l}{2}$ 时，跨中负弯矩

$$M_y = -\frac{q_x l^2}{32} \tag{3.113}$$

二根拉条位于 $\frac{l}{3}$ 时，跨中正弯矩

$$M_y = \frac{q_x l^2}{360} \tag{3.114}$$

$\frac{l}{3}$ 处负弯矩

$$M_y = -\frac{q_x l^2}{90} \tag{3.115}$$

式中 l——侧向支承点间的距离；

q_x——平行于屋面方向的均布荷载分量；

q_y——垂直于屋面方向的均布荷载分量。

(2) 当屋面不能阻止檩条侧向位移和扭转时，除按公式(3.109)验算其强度外，尚应按下列公式计算檩条的稳定性：

$$\frac{M_x}{\varphi_{bx} W_{ex}} + \frac{M_y}{W_{ey}} \leqslant f \tag{3.116}$$

式中 φ_{bx}——檩条的整体稳定系数，按《冷弯薄壁型钢结构技术规范》(GB 50018)附录 A 中 A.2 的规定计算[8]；

M_x、M_y——刚度最大主平面（由 q_y 引起）和刚度最小主平面（由 q_x 引起）

的弯矩；

W_{ex}、W_{ey}——对截面主轴 x、y 轴的有效截面模量。

(3) 在风吸力作用下，当屋面能阻止上翼缘侧向位移和扭转时，受压下翼缘的稳定性可按公式(3.116)计算。

(4) 檩条在垂直房屋方向的容许挠度与其跨度之比可按下列规定采用[8]：

① 瓦楞铁屋面：$\frac{1}{150}$[9]；

② 压型钢板、钢丝网水泥瓦和其他水泥制品瓦材屋面：$\frac{1}{200}$[9]。

3.3.5 冷弯薄壁型钢房屋抗震验算

根据我国现行标准《建筑抗震设计规范》(GB 50011)[5]规定，在抗震设防区，尚应进行冷弯薄壁型钢房屋的抗震设计与验算，且应符合下列规定：

(1) 6 度时的建筑(不规则建筑及建造于Ⅳ类场地上较高的高层建筑除外)，以及生土房屋和木结构房屋等，应符合有关的抗震措施要求，但应允许不进行抗震验算。

(2) 6 度时不规则建筑，7 度和 7 度以上的建筑结构，应进行多遇地震作用下抗震强度及变形验算。

(3) 三层及其以下的冷弯薄壁型钢房屋一般可不进行罕遇地震验算。

1. 冷弯薄壁型钢房屋抗剪强度验算

根据第 3.2 节进行冷弯薄壁房屋地震作用计算，阻尼比参考一般钢结构建筑取 0.03，结构基本自振周期的近似估计参考现行国家标准《建筑抗震设计规范》(GB 50011)，以下式计算：

$$T = 0.02H \sim 0.03H \tag{3.117}$$

式中　T——结构基本自振周期；

H——基础顶面到建筑物最高点的高度。

冷弯薄壁型钢房屋是由复合墙板组成的“盒子”式结构，上下层之间的立柱和楼(屋)面之间的型钢构件直接相连，双面所覆板材一般沿建筑物竖向是不连续的。结构的水平荷载(风或地震作用)仅由具备抗剪能力的承重墙(抗震墙体)承担。因此，多遇地震作用下冷弯薄壁型钢房屋的抗剪强度可归结为抗震墙体的受剪承载力验算，且应符合下式要求：

$$S_E \leqslant \frac{S_h}{r_{RE}} \tag{3.118}$$

式中　S_E——多遇地震作用下抗震墙体单位计算长度的剪力；

S_h——抗震墙体单位计算长度受剪承载力设计值；

r_{RE} ——承载力抗震调整系数，取0.9。

在求解 S_E 之前，首先需要确定冷弯薄壁型钢房屋在多遇地震作用下，各片抗震墙体需要承担的剪力，即对结构的楼层水平地震剪力进行合理分配。根据现行国家标准《建筑抗震设计规范》(GB 50011)[5]，应按以下原则分配：

(1) 柔性楼(屋)盖结构(如：冷弯薄壁型钢房屋中以OSB板作为楼(屋)盖板情况)，宜按抗侧力构件从属面积上重力荷载代表值的比例分配。

(2) 刚性楼(屋)盖结构(如：冷弯薄壁型钢房屋中以ALC板(压型钢板)上现浇钢筋混凝土的楼(屋)盖形式，参见图1.6)，宜按抗侧力构件等效刚度的比例分配。

对于建造在较高抗震设防烈度地区的冷弯薄壁型钢房屋结构，建议采用刚性楼(屋)盖形式，从而使结构具有更好整体性，此时，各片抗震墙体的楼层剪力应按下式计算：

$$V_{ij}=\frac{\beta_{ij}K_{ij}L_{ij}}{\sum_{m=1}^{n}\beta_{im}K_{im}L_{im}}V_i \tag{3.119}$$

式中 V_{ij} ——第 i 层、第 j 面抗震墙体承担的水平剪力；

V_i ——由水平多遇地震作用产生的 x 方向或 y 方向的第 i 层楼层水平剪力；

K_{ij} ——第 i 层、第 j 面抗震墙体单位长度的抗剪刚度，见表3.10；

L_{ij} ——第 i 层、第 j 面抗震墙体的长度；

n——x 方向或 y 方向的第 i 层抗震墙数；

β_{ij} ——第 i 层、第 j 面抗震墙体门窗洞口刚度折减系数，参照我国现行行业规程《低层冷弯薄壁型钢房屋建筑技术规程》(JGJ 227)[9]确定。

作用在抗震墙体单位长度的水平剪力可按下式计算：

$$S_{ij}\leqslant\frac{V_{ij}}{L_{ij}} \tag{3.120}$$

式中 S_{ij} ——在第 i 层、第 j 面抗震墙体单位长度的水平剪力，对应式(3.118)中的 S_E；考虑到地震作用下扭转作用的不利影响，对于规则结构，外墙的单位长度水平剪力还应乘以放大系数1.15；对于不规则结构，外墙的单位长度水平剪力应乘以放大系数1.3。

式(3.118)中抗震墙单位长度的受剪承载力设计值 S_h 可按表3.9取值。表3.9取自《低层冷弯薄壁型钢房屋建筑技术规程》(JGJ 227)[9]以及东南大学叶继红教授课题组试验研究结果。当开洞口时，抗震墙单位长度的受剪承载力设

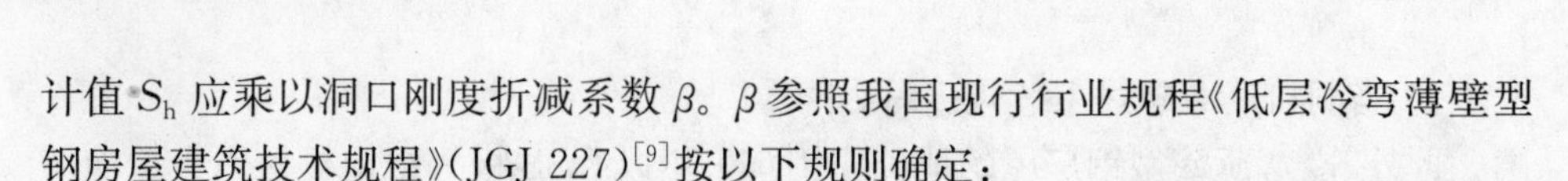

计值 S_h 应乘以洞口刚度折减系数 β。β 参照我国现行行业规程《低层冷弯薄壁型钢房屋建筑技术规程》(JGJ 227)[9] 按以下规则确定：

① 当洞头尺寸在 300 mm 以下时，β=1.0；

② 当洞口宽度在 300～400 mm 之间，洞口高度在 300～600 mm 之间时，β 宜由试验确定；当无试验依据时，可按下式确定：

$$\beta=\frac{r}{3-2r} \tag{3.121}$$

$$r=1+\frac{A_0}{H\sum L_i} \tag{3.122}$$

式中　A_0 ——洞口总面积；

H——抗震墙高度；

$\sum L_i$ ——无洞口墙长度总和。

表 3.9　抗震墙单位长度的受剪承载力设计值 S_h　　单位：kN/m

立柱材料	最大高宽比 $\frac{H}{w}$	面板材料(厚度)	S_h
Q235 和 Q345	2∶1	OSB 板(9.0 mm)	7.20
	2∶1	纸面石膏板(12.0 mm)	2.50
	2∶1	玻镁板(12.0 mm)	4.50
	2∶1	硅酸钙板(12.0 mm)	4.20
LQ550	2∶1	纸面石膏板(12.0 mm)	2.90
	2∶1	LQ550 波纹钢板(0.42)	8.00
	2∶1	OSB 板(9.0 mm)	6.40
	2∶1	水泥纤维板(8.0 mm)	3.70

注：1. 墙体立柱 C 型截面高度，对 Q235 级和 Q345 级钢不应小于 89 mm，对 LQ550 级不应小于 75 mm，立柱间距不应大于 600 mm。

2. 表中所列值均为单面板组合墙体的受剪承载力设计值；两面设置面板时，受剪承载力设计值为相应面板材料的两值之和，但对 LQ550 波纹钢板单面板组合墙体的值应乘以 0.8 后再相加。

3. 组合墙体的宽度小于 450 mm 时，可忽略其受剪承载力；大于 450 mm 而小于 900 mm 时，表中受剪承载力设计值应乘以 0.5。

4. 组合墙体高宽比大于 2∶1，但不超过 4∶1 时，表中受剪承载力设计值应乘以 $\frac{2w}{H}$。w 为墙体宽度，H 为墙体高度。

5. 中密度组合墙体可按 OSB 板取用受剪承载力设计值。

6. 单片抗震墙体的最大计算长度不宜超过 6 m。

7. 墙体面板的钉距在周边不应大于 150 mm，在内部不应大于 300 mm。

③ 当洞口尺寸超过上述规定时，$\beta=0$。

此外，冷弯薄壁型钢房屋的地震作用宜采用以 OSB 板等结构板材作为覆面墙板的抗震墙体承担，且不能仅依靠以石膏板作为覆面板材的抗震墙体抵抗全部侧向荷载。参考美国 AISI S213-07 规范[17]，给出冷弯薄壁型钢房屋中各楼层石膏板抗震墙体允许承担的最大楼层剪力百分比，如表 3.10 所示。

表 3.10　各楼层石膏板抗震墙体允许承担的最大楼层剪力百分比

楼层	最大楼层剪力百分比		
	房屋层数		
	3	2	1
第三层	80	—	—
第二层	60	80	—
第一层	40	60	80

2. 冷弯薄壁型钢房屋抗震变形验算

根据现行国家标准《建筑抗震设计规范》(GB 50011)[5] 的规定，冷弯薄壁型钢房屋尚需进行多遇地震作用下的抗震变形验算，其楼层内的最大弹性层间位移应符合下式要求：

$$\Delta_e \leqslant [\theta_e]H \tag{3.123}$$

式中　Δ_e ——多遇地震作用标准值产生的楼层最大弹性层间位移；

$[\theta_e]$ ——弹性层间位移角限值，对于冷弯薄壁型钢房屋结构，可取$\frac{1}{300}$；

H ——计算楼层高度。

水平地震作用下，冷弯薄壁型钢房屋第 j 层的最大弹性层间位移 Δ_{ej}，可按下式进行计算：

$$\Delta_{ej} = \frac{V_j}{\sum_{m=1}^{n} \beta_{jm} K_{jm} L_{jm}} H \tag{3.124}$$

式中，各片抗震墙体的单位长度抗剪刚度 K 可按照表 3.11 进行取值。表 3.11 取自《低层冷弯薄壁型钢房屋建筑技术规程》(JGJ 227)[9] 以及东南大学叶继红教授课题组试验研究结果。

表 3.11 抗震墙单位长度的抗剪刚度 K 单位:kN/(m·rad)

立柱材料	最大高宽比 $\frac{H}{w}$	面板材料(厚度)	K
Q235 和 Q345	2∶1	OSB 板(9.0 mm)	2 000
	2∶1	纸面石膏板(12.0 mm)	800
	2∶1	玻镁板(12.0 mm)	1 300
	2∶1	硅酸钙板	1 200
LQ550	2∶1	纸面石膏板(12.0 mm)	800
	2∶1	LQ550 波纹钢板(0.42)	2 000
	2∶1	OSB 板(9.0 mm)	1 450
	2∶1	水泥纤维板(8.0 mm)	1 100

注:1. 墙体立柱 C 型截面高度,对 Q235 级和 Q345 级钢不应小于 89 mm,对 LQ550 级不应小于 75 mm,立柱间距不应大于 600 mm;墙体面板的钉距在周边不应大于 150 mm,内部不应大于 300 mm。

2. 表中所列数值均为单面板组合墙体的抗剪刚度值,两面设置面板时取相应两值之和。

3. 中密度组合墙体可按 OSB 板组合墙体取值。

4. 组合墙体高宽比大于 2∶1,但不超过 4∶1 时,表中抗剪刚度设计值应乘以$\frac{2w}{H}$。

对于表 3.9 和表 3.11 未涉及的墙板类型,其墙体的抗剪刚度及受剪承载力设计值,可根据下述的冷弯薄壁型钢组合墙体抗剪试验进行确定。

3. *冷弯薄壁型钢组合墙体抗剪试验方法*

冷弯薄壁型钢组合墙体的受剪承载力及弹性刚度取决于组合墙体的组成、墙板材料和连接螺钉间距等多种因素。其抗剪试验试件的制作应采用与实际工程材料、连接方式一致的 1∶1 比例的足尺尺寸。测试组合墙体在水平风荷载作用下的抗剪性能时,可采用单调水平加载;测试组合墙体在水平地震作用下的抗剪性能时,可采用低周反复水平加载。

图 3.41 给出墙体抗剪试验装置示意图。试验装置由反力架、油压千斤顶、电液伺服作动器和数据采集系统组成。试验装置与试验加载设备应满足试件的设计受力条件和支承方式的要求,试验台在其可能提供反力部位的刚度,不应小于试件刚度的 10 倍。墙体试件通过千斤顶施加竖向荷载时,应在门架与千斤顶之间设置滑动导轨,其摩擦系数不应大于 0.01。试验量测仪表的选择,应满足试件极限破坏的最大量程,其分辨率应满足最小荷载作用下的分辨能力。位移计量的仪表最小分度值不宜大于所测总位移的 0.5%,示值允许误差不大于仪表满量程的 ±1.0%。各种记录仪的精度不得低于仪表满量程的 ±0.5%。

冷弯薄壁型钢组合墙体抗剪试验的加载方法,根据试验的目的可按下列要求进行:

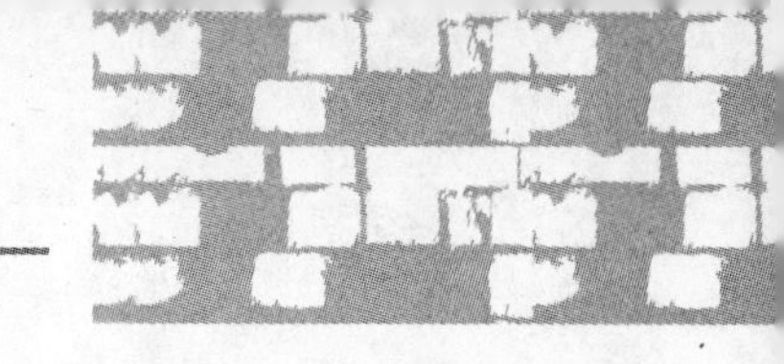

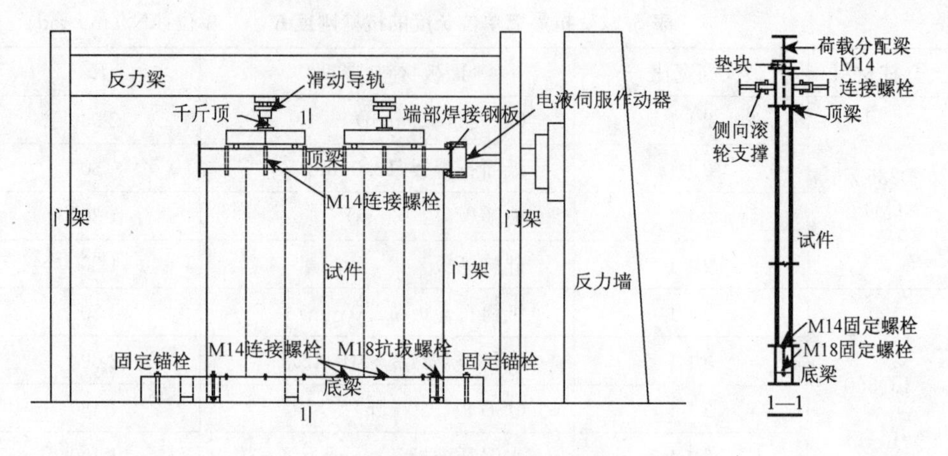

图 3.41　墙体试验装置

(1) 竖向荷载的大小应为试件的目标试验荷载，在试件施加水平荷载前按静力加载要求一次加到位，并保持恒定不变。

(2) 单调水平加载时，在试件屈服前应采用荷载控制并分级加载，接近屈服荷载宜减小荷载级差加载；试件屈服后应采用变形控制分级加载。每级荷载应保持2～3 min 后方可采集和记录各测点的数据，直至破坏。

(3) 低周反复水平加载时，在正式试验前应先进行预加反复荷载试验 2 次，预加载值不宜超过试件屈服荷载的 30%。正式试验时，试件屈服前应采用荷载控制并分级加载，接近屈服荷载前宜减小荷载极差加载；试件屈服后应采用变形控制，变形值应取屈服时试件的最大位移，并以该位移值的倍数为级差进行加载控制。屈服前每级荷载可反复一次，屈服以后宜反复三次。试验过程中，应保持反复加载的连续性和均匀性，加载或卸载的速度宜一致。

冷弯薄壁型钢组合墙体抗剪试验过程中，水平荷载作用下试件在发生剪切变形的同时可能产生一定的水平滑移和转动。数据处理时，试件的剪切变形应扣除水平滑动和转动。图 3.42 为试验各位移计的布置情况，其中 D_1、D_2 分别测试试件加载顶梁和试件顶部随作动器变化的位移值；D_3、D_4 分别测试试件与加载底梁间的相对滑动位移值；D_5、D_6 分别测试试件垂直方向相对地面的位移值；D_7、D_8 分别测试垂直方向底梁相对地面的位移值；D_9 测试试验中墙体面外位移值。同时，电液伺服作动器本身位移传感器记录的位移值为 W。

墙体试件顶部实测位移 δ_0 由墙体转动时的墙体顶部侧移 δ_φ、墙体与底梁间的相对滑动位移 δ_1，以及墙体的实际剪切变形 δ 三部分组成(图 3.43)。墙体的剪切变形 δ 包括墙板的剪切变形和螺钉连接处的累积变形。使用公式(3.125)可以求出各墙体试件扣除各种影响因素后的实际净剪切变形值 Δ。

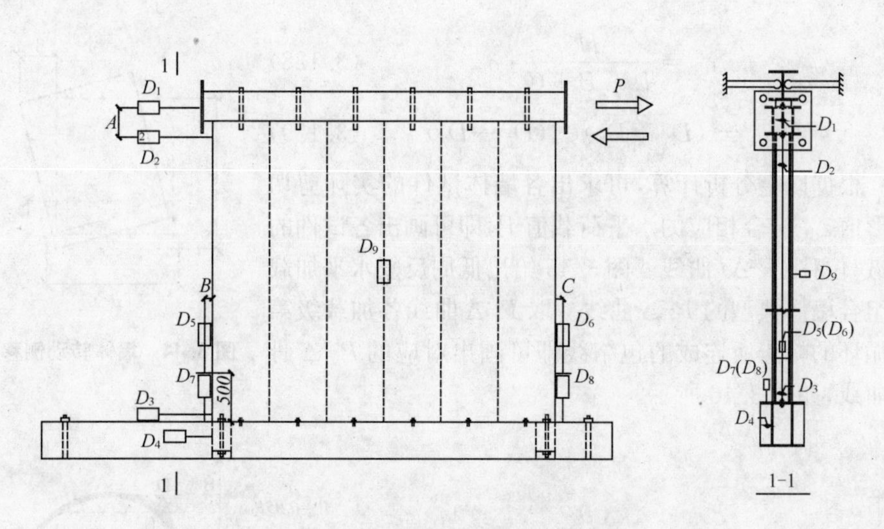

图 3.42　墙体试件位移计布置

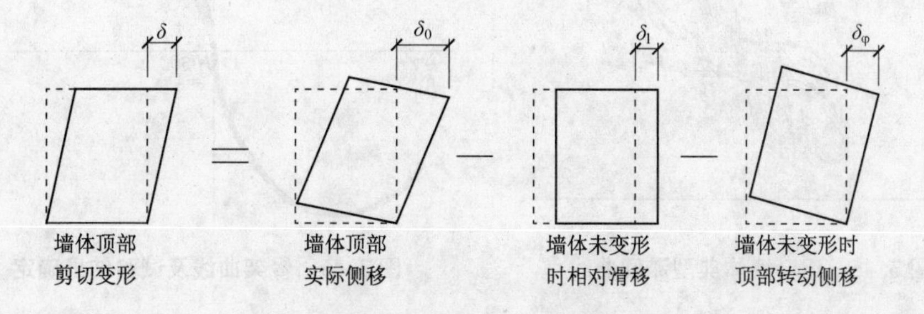

图 3.43　墙体实际剪切变形

$$\Delta = \delta = \delta_0 - \delta_l - \delta_\varphi \tag{3.125}$$

其中，δ_0 为试验中墙体顶部的实际侧移，按公式(3.126)计算，H 表示墙高，A 表示位移计 D_1 与 D_2 之间的距离($D_1 \sim D_8$ 位移计布置见图 3.42)。

$$\delta_0 = \frac{\frac{H}{H-A} \cdot D_2 + D_1}{2} \tag{3.126}$$

δ_l 为试件的水平滑移，即位移计 D_3 和 D_4 之间的差值，按公式(3.127)计算。

$$\delta_l = D_3 - D_4 \tag{3.127}$$

δ_φ 为墙体转动引起的顶部侧移，根据图 3.44，按公式(3.128)、(3.129)计算。L 表示墙宽，B、C 分别表示位移计 D_5、D_6 距墙体端部的距离。

$$\delta_{\varphi}=\frac{H}{L+B+C}\cdot\delta_{a} \tag{3.128}$$

$$\delta_{a}=(D_{6}-D_{8})-(D_{5}-D_{7}) \tag{3.129}$$

根据以上分析计算，可求出各墙体试件的实际剪切变形值Δ，结合相应的水平荷载值P，即可画出各试件的荷载-位移(P-Δ)曲线。图3.45给出低周反复水平加载下组合墙体典型的P-Δ曲线。取P-Δ曲线各加载级第一循环的峰点所连成的包络线即可画出对应的P-Δ骨架曲线，如图3.46所示。

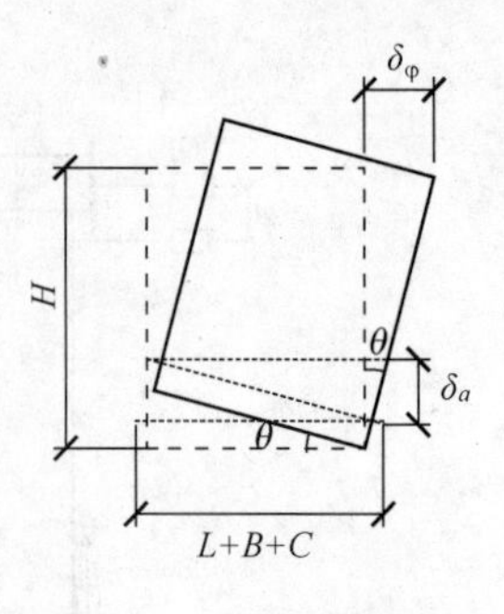

图3.44　墙体转动侧移

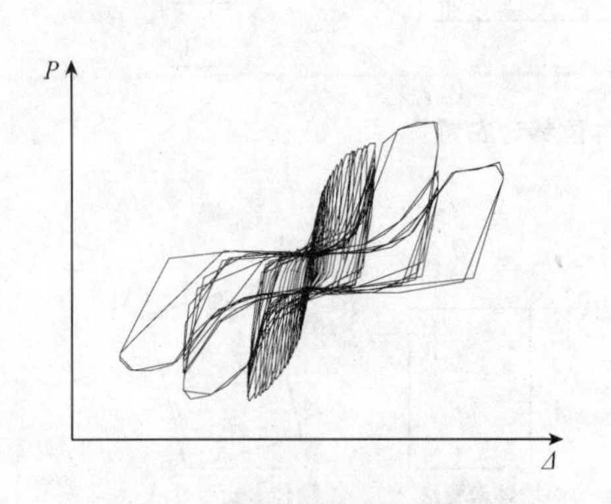

图3.45　组合墙体典型滞回曲线

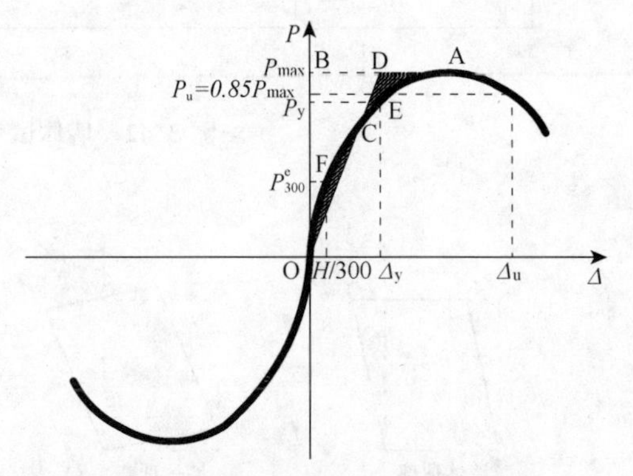

图3.46　骨架曲线及试验结果确定

根据我国目前的基本抗震设防目标要求，当遭受低于本地区抗震设防烈度的多遇地震影响时，主体结构不受损失或不需修理可继续使用。冷弯薄壁型钢抗震墙体是结构的主要抗侧部件，且在地震作用下一旦出现明显损伤，可能会面临大面积墙板替换及装饰层重新施工等问题，因此，应当要求冷弯薄壁型钢抗震墙体在多遇地震作用下几乎无损失，处于弹性状态。我国现行《低层冷弯薄壁型钢房屋建筑技术规程》[9]规定：多遇地震作用下抗震组合墙体的水平侧向弹性变形限值取为$\frac{H}{300}$(H为层高)，同时取图3.46中P-Δ骨架曲线水平侧向变形为$\frac{H}{300}$时的荷载为组合墙体水平侧向弹性极限P_{300}^{e}，并以骨架曲线上的点$\left(\frac{H}{300},P_{300}^{e}\right)$至原点做割线得到该片组合墙体抗剪刚度，且其单位长度抗剪刚度可表示为：

$$K_{1}=\frac{P_{300}^{e}}{\left(\frac{1}{300}\right)l_{w}} \tag{3.130}$$

式中　K_1 ——组合墙体单位长度抗剪刚度，单位为 kN/(m・rad)；

l_w——试验墙体长度。

根据我国《建筑抗震试验方法规程》(JGJ 101—1996)[15]的规定，试件所承受的最大荷载 P_{max} 及其变形 Δ_{max} 是试件的荷载-位移曲线上荷载最大值时的相应荷载和侧移；破坏荷载 P_u 和相应侧移 Δ_u 取试件在最大荷载出现后，随侧移的增加而荷载降至最大荷载 P_{max} 的 85%时的相应荷载和侧移(图 3.46)。此外，可采用荷载-位移 (P-Δ) 曲线的能量等效面积法确定屈服荷载 P_y、屈服位移 Δ_y。具体方法是：由 P_{max} 点作水平线 AB，由原点作割线 OD 与曲线 OA 交于点 C，与线 AB 交于点 D。取曲线 OC 上任一点 F，由点 D 引垂线交曲线 OA 于点 E，使面积 ADCA 与面积 CFOC 相等，则此时的 E 点即为试件的屈服点，E 点对应的荷载为屈服荷载 P_y，对应的位移为屈服位移 Δ_y(图 3.46)。试件的延性系数 $\mu=\dfrac{\Delta_u}{\Delta_y}$。参考美国和日本规范容许应力法的安全系数，采用“等安全系数”原理，反算出按我国概率极限状体设计法的“等效抗力分项系数 r_R”。对于地震作用，r_R 取 1.30[9]。因此，我国现行《低层冷弯薄壁型钢房屋建筑技术规程》[9]规定抗震墙体单位长度的受剪承载力设计值可按下式计算：

$$S_{h1}=\frac{P_y}{r_R l_w} \tag{3.131}$$

式中　S_{h1} ——组合墙体单位长度受剪承载力设计值。

不同于上述组合墙体抗剪刚度及受剪承载力设计值的相关规定，东南大学叶继红教授课题组通过冷弯薄壁型钢组合墙体抗剪试验发现：部分组合墙体在达到$\dfrac{H}{300}$水平侧向变形及屈服荷载 P_y 之前，其自攻螺钉连接部位已发生明显松动，即组合墙体发生了不可恢复的非弹性变形，因此，以式(3.130)、式(3.131)作为组合墙体的抗剪刚度及受剪承载力设计值可能不满足我国目前抗震设防目标要求。对此，叶继红教授及其课题组建议可参考现行欧洲规范[14]，取 $0.4P_{max}$ 作为冷弯薄壁型钢组合墙体的抗剪强度弹性极限，则组合墙体单位长度抗剪刚度按式(3.132)计算，单位长度受剪承载力设计值按式(3.133)计算。表 3.12 为叶继红教授课题组基于式(3.130)～式(3.133)的冷弯薄壁型钢组合墙体抗剪试验研究结果。

$$K_2=\frac{0.4P_{max}}{\left(\dfrac{\Delta_{e2}}{H}\right)l_w} \tag{3.132}$$

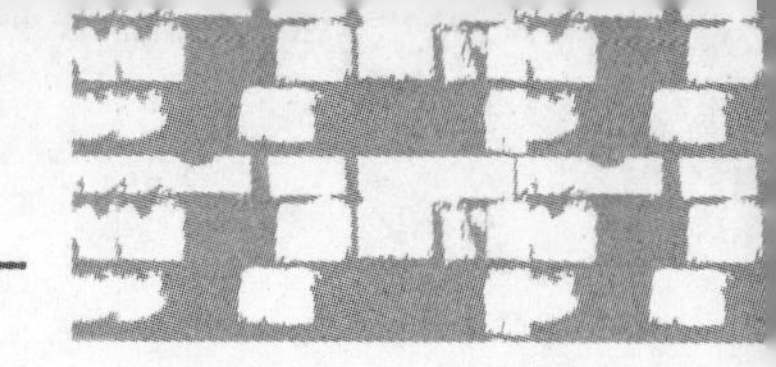

式中 K_2 ——组合墙体单位长度抗剪刚度，单位为 kN/(m·rad)；

Δ_{e2} ——组合墙体水平侧向弹性变形极限，取 P-Δ 曲线中 $0.4P_{max}$ 对应的墙体水平侧向变形。

$$S_{h2}=\frac{0.4P_{max}}{r_R l_w} \tag{3.133}$$

式中 S_{h2} ——组合墙体单位长度受剪承载力设计值；

r_R——地震作用的等效抗力分项系数，取 1.30[9]。

表 3.12 基于两类设计公式的抗震墙单位长度的抗剪刚度及受剪承载力设计值

立柱材料	面板材料(厚度)	K_1[kN/(m·rad)]	S_{h1}(kN/m)	K_2[kN/(m·rad)]	S_{h2}(kN/m)
Q345	纸面石膏板(12.0 mm)	800	2.50	1 100	1.10
	玻镁板(12.0 mm)	1 300	4.50	3 200	2.45
	硅酸钙板	1 200	4.20	3 500	2.50

注：1. 墙体立柱 C 型截面高度不应小于 89 mm；墙体面板的钉距在周边不应大于 150 mm，内部不应大于 300 mm。

2. 表中所列值均为单面板组合墙体的抗剪刚度和受剪承载力设计值；两面设置面板时，抗剪刚度和受剪承载力设计值为相应面板材料的两值之和。

本章参考文献

[1] 建筑模数协调统一标准(GBJ 2—1986)[S]. 北京：中国标准出版社，1987

[2] 住宅建筑模数协调标准(GB/T 50100—2001)[S]. 北京：中国建筑工业出版社，2002

[3] 住宅建筑规范(GB 50368—2005)[S]. 北京：中国建筑工业出版社，2006

[4] 住宅设计规范(GB 50096—2011)[S]. 北京：中国建筑工业出版社，2012

[5] 建筑抗震设计规范(GB 50011—2010)[S]. 北京：中国建筑工业出版社，2011

[6] 住宅装饰装修工程施工规范(GB 50327—2001)[S]. 北京：中国建筑工业出版社，2002

[7] 建筑结构荷载规范(GB 50009—2012)[S]. 北京：中国建筑工业出版社，2012

[8] 冷弯薄壁型钢结构技术规范(GB 50018—2002)[S]. 北京：中国建筑工业出版社，2002

[9] 低层冷弯薄壁型钢房屋建筑技术规程(JGJ 227—2011)[S]. 北京：中国建筑工业出版社，2011

[10] 于炜文. 冷成型钢结构设计[M]. 董军，夏冰青，译. 北京：中国水利水电出版社，2003

[11] 李爱群，高振世. 工程结构抗震与防灾[M]. 南京：东南大学出版社，2003

[12] North American specification for the design of cold-formed steel structural members (AISI S100-2007)[S]. Washington: American Iron and Steel Institute, 2007

[13] Cold-formed steel structures (AS/NZS 4600-2005)[S]. Sydney: SAI global, 2005

[14] ECCS－TW1. 3. Recommended testing procedure for assessing the behavior of structural steel elements under cyclic loads [R]. ECCS Pub. , 1986
[15] 建筑抗震试验方法规程(JGJ 101—1996)[S]. 北京：中国建筑工业出版社，1997
[16] 徐益华. 轻型钢结构设计[M]. 北京：中国计划出版社，2006
[17] North American standard for cold-formed steel framing-lateral design 2007 with supplement No. 1 (AISI S213—07)[S]. Washington：American Iron and Steel Institute，2007

第四章
冷弯薄壁型钢房屋构造

4.1 墙体的构造要求

4.1.1 承重墙

低层冷弯薄壁型钢结构住宅的承重墙体可参照图 4.1 和图 4.2 建造。墙体及其构件的强度、刚度、稳定均应满足本手册第三章设计要求。

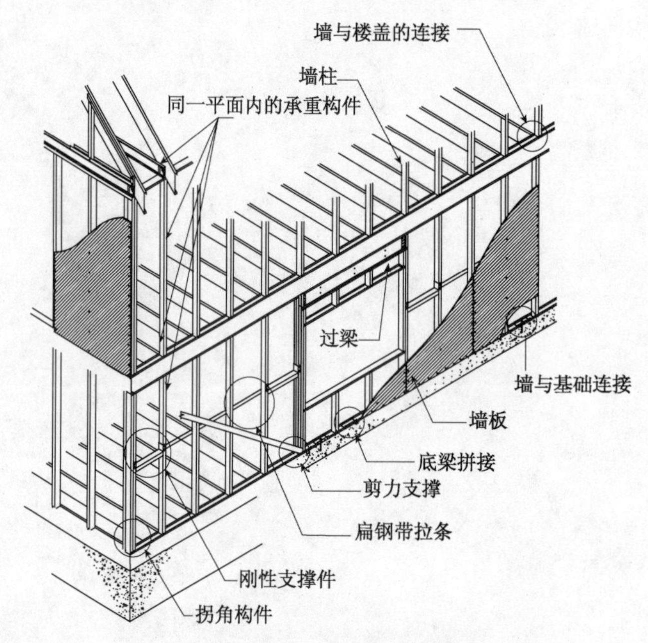

图 4.1 冷弯薄壁型钢结构承重墙体构造

1. 墙体立柱和墙体面板的构造应符合下列规定

(1) 墙体立柱宜按照模数上下对应设置。

(2) 墙体立柱可采用卷边冷弯槽钢构件或由冷弯槽钢构件组成的拼合构件(图 4.3);立柱与顶、底导梁应采用螺钉连接。

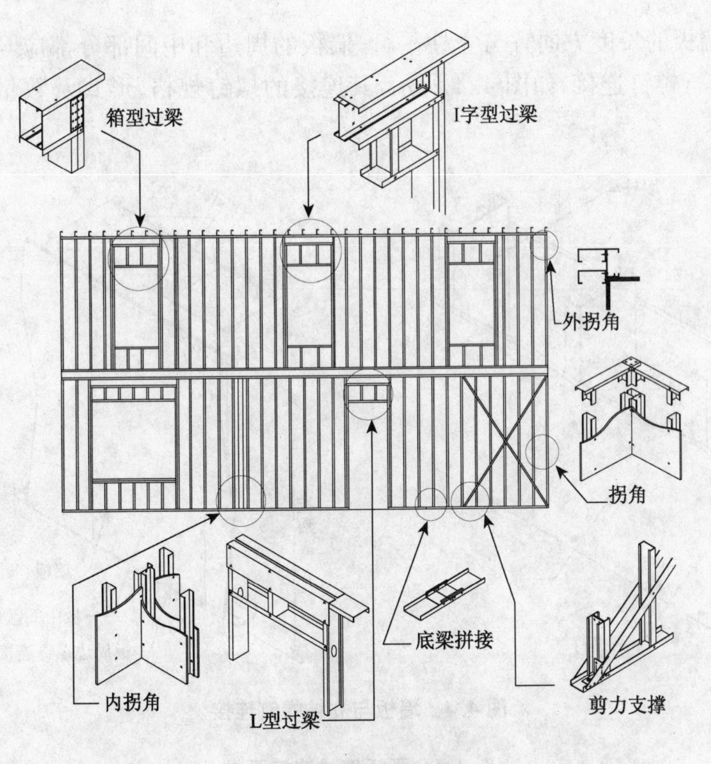

图 4.2　承重墙

(3) 承重墙 C 型截面立柱最小厚度 1 mm，翼缘最小尺寸 40 mm，腹板高度最低 89 mm，卷边最小尺寸 9.5 mm。

(4) 墙体龙骨骨架中立柱间距一般为 400 mm 或 600 mm，且不应超过 600 mm。

(5) 承重墙体的端部、门窗洞口的边部应采用拼合立柱(图 4.3)，拼合立柱间采用双排螺钉固定，螺钉间距不应大于 300 mm。

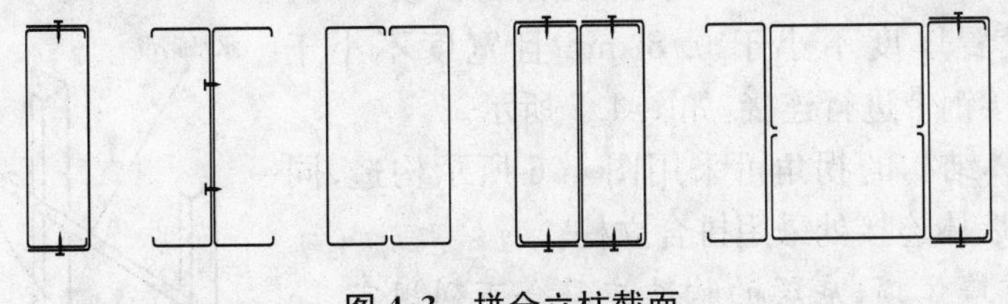

图 4.3　拼合立柱截面

(6) 外承重墙的外侧墙板可采用 OSB 板、水泥压力板、胶合板或者蒸压加气混凝土板等材料；外承重墙的内侧墙板以及内承重墙的两侧墙板可采用石膏板、玻镁板等材料。当有可靠依据时，也可采用其他材料。

(7) 墙板的长度方向宜与立柱平行，墙板的周边和中间部分都应与立柱或顶梁、底梁进行螺钉连接，如图 4.4 所示，其连接的螺钉规格、形式及数量应满足表 4.1 的要求。

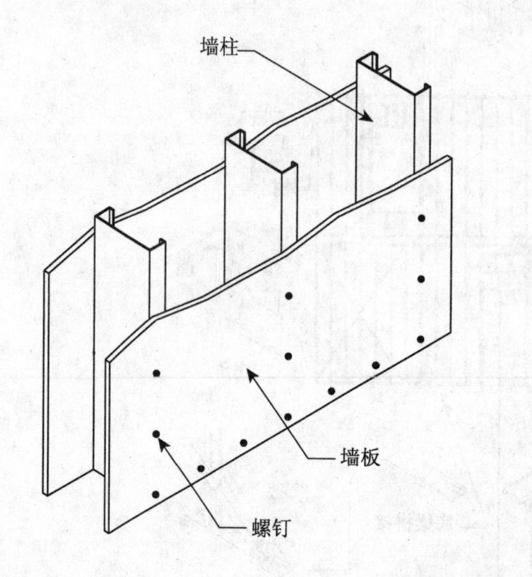

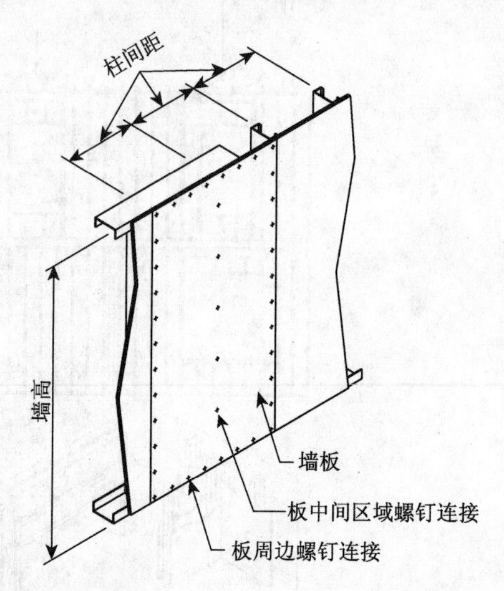

图 4.4　墙板与立柱螺钉连接

表 4.1　承重墙的连接要求

连接情况	螺钉的规格、数量和间距
柱与顶(底)梁	柱子两端的每侧翼缘各一个 ST4.2 螺钉
OSB 板、胶合板或水泥木屑板与柱	ST4.2 螺钉，沿板周边间距为 150 mm(螺钉到板边缘的距离不小于 12 mm)，板中间间距为 300 mm
12 mm 厚石膏板与柱	ST3.5 螺钉，间距为 300 mm

(8) 墙体面板进行上下拼接时宜错缝拼接，在拼接缝处应设置厚度不小于 0.8 mm 且宽度不小于 50 mm的连接钢带进行连接，如图 4.5 所示。

(9) 墙体结构的拐角可采用图 4.6 所示构造，同一平面内的墙体连接处采用拼合立柱。

2. 承重墙体顶、底梁的构造应符合下列规定

(1) 墙体顶、底梁宜采用冷弯槽钢构件，顶、底梁壁厚不宜小于所连接墙体立柱的壁厚，且顶、底梁翼缘尺寸不低于 32 mm。

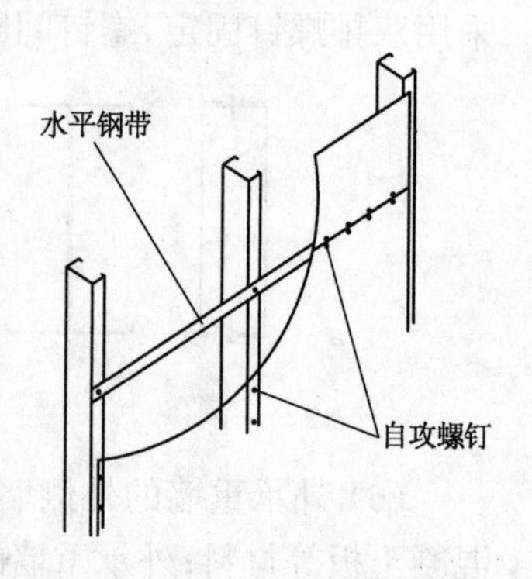

图 4.5　墙体面板水平接缝

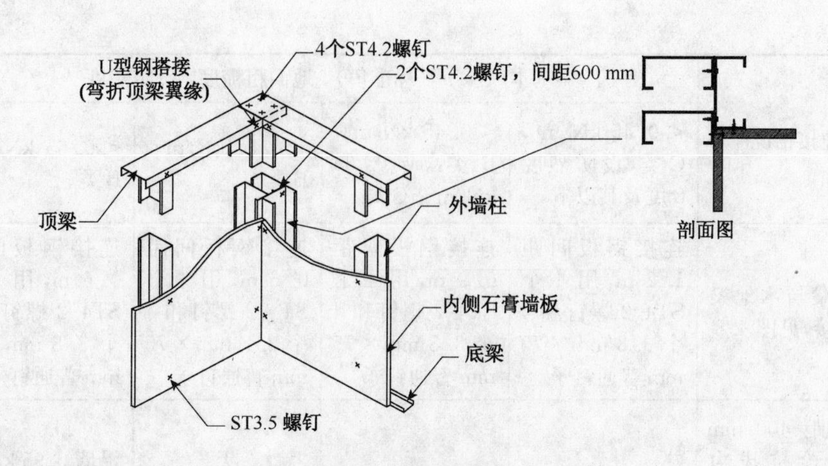

图 4.6　拐角构造

(2) 顶、底梁的拼接应符合图 3.14 的要求。

(3) 承重墙体的顶梁可按支承在墙体两立柱之间的简支梁计算，取楼面梁或屋架传下的跨间集中反力及 1.0 kN 集中施工荷载产生的较大弯矩设计值，按本手册第 3.3.3 节规定验算强度、刚度和稳定性。

3. 承重墙与基础或楼盖的连接构造，应符合下列规定

(1) 按照表 4.2 要求将承重墙与基础或楼盖进行连接(图 4.8)，其中地脚锚栓埋入混凝土基础中不小于 $20d$(d 为锚栓直径)，且锚栓底部应带直弯钩。

(2) 除表 4.2 构造要求外，承重墙在墙体拐角处还应设置锚栓(图 4.9)，锚栓距墙角或墙端部的最大距离不应大于 300 mm。

(3) 承重墙底梁和基础之间宜通长设置厚度不应小于 1 mm 的防腐防潮垫(图 4.9)，其宽度不应小于底梁的宽度。

表 4.2　墙与基础或楼层的连接要求

连接情况	基本风压 w_0(标准值)，地面粗糙度，设防烈度			
	＜0.45 kN/m²，C类，设防烈度8度及其以下	＜0.45 kN/m²，B类，或 0.65 kN/m²，C类	＜0.55 kN/m²，B类	＜0.65 kN/m²，B类
墙底梁与楼面梁或边梁的连接	每隔 300 mm 安装 1 个 ST4.2 螺钉	每隔 300 mm 安装 1 个 ST4.2 螺钉	每隔 300 mm 安装 2 个 ST4.2 螺钉	每隔 300 mm 安装 2 个 ST4.2 螺钉
墙底梁与基础的连接，见图 4.7	每隔 1.8 m 安装 1 个 13 mm 的锚栓	每隔 1.2 m 安装 1 个 13 mm 的锚栓	每隔 1.2 m 安装 1 个 13 mm 的锚栓	每隔 1.2 m 安装 1 个 13 mm 的锚栓

（续表）

连接情况	基本风压 w_0（标准值），地面粗糙度，设防烈度			
	＜0.45 kN/m²，C类，设防烈度8度及其以下	＜0.45 kN/m²，B类，或0.65 kN/m²，C类	＜0.55 kN/m²，B类	＜0.65 kN/m²，B类
墙底梁与木地梁的连接，见图4.8	连接钢板间距1.2 m，用4个ST4.2螺钉和4个3.8 mm×75 mm普通钉子	连接钢板间距0.9 m，用4个ST4.2螺钉和4个3.8 mm×75 mm普通钉子	连接钢板间距0.6 m，用4个ST4.2螺钉和4个3.8 mm×75 mm普通钉子	连接钢板间距0.6 m，用4个ST4.2螺钉和4个3.8 mm×75 mm普通钉子
柱间距400 mm时锚栓抗拔力要求	无	无	无	沿墙0.95 kN/m
柱间距600 mm时锚栓抗拔力要求	无	无	无	沿墙1.45 kN/m

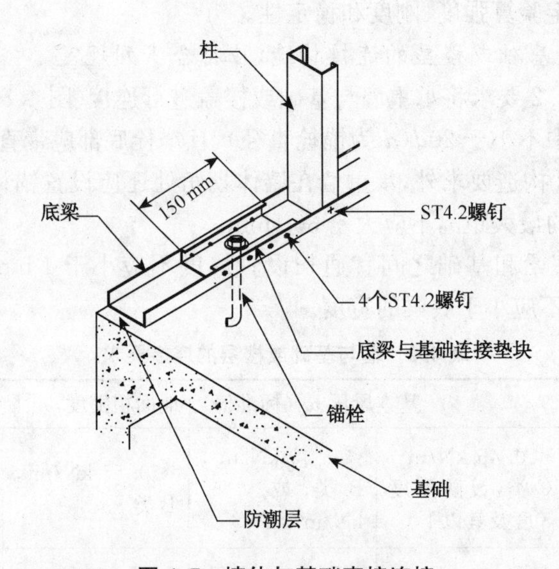

图4.7 墙体与基础直接连接

4. 承重墙体开洞的构造应符合下列规定

(1) 所有承重墙体门窗洞口上方和两侧应分别设置过梁和洞口边立柱。洞口边立柱宜从墙体底部直通至墙体顶部或过梁下部，并与墙体底导梁和顶导梁相连接。

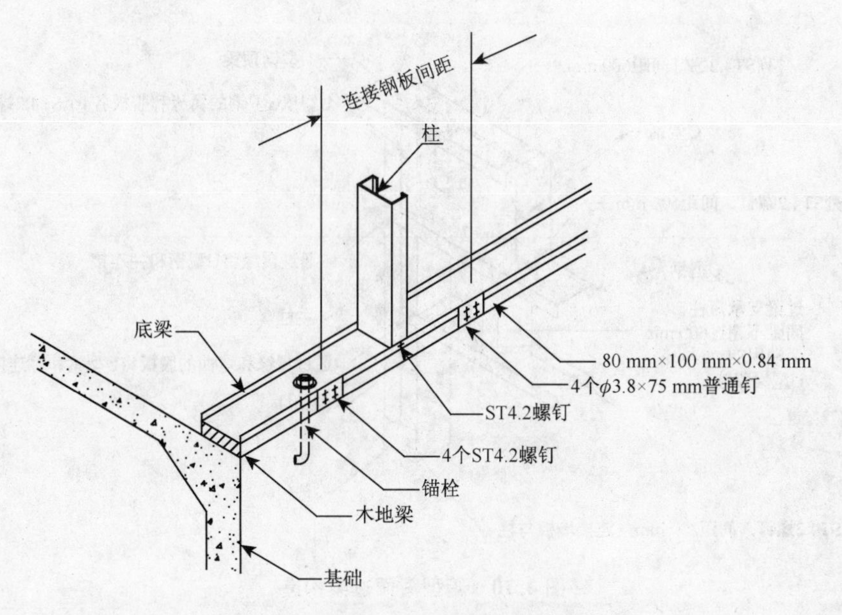

图 4.8　墙体通过木地梁与基础连接

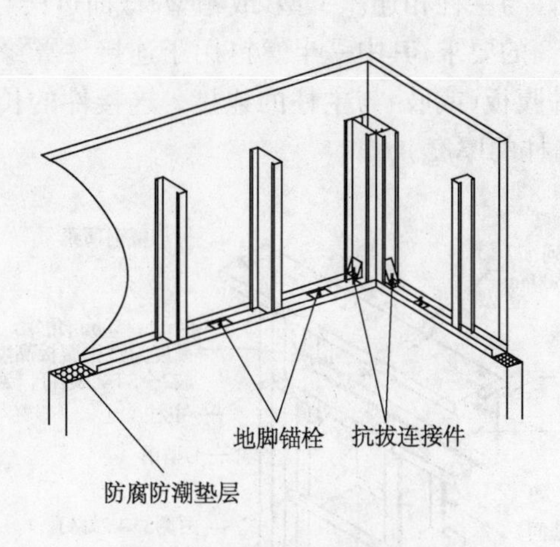

图 4.9　墙体与基础的连接

(2) 过梁可采用箱型、工型或 L 型截面,其截面尺寸应符合设计要求。过梁及洞口边立柱(主、辅柱)构造应符合下列要求:

① 箱型截面过梁:由两个相同型号的 C 型截面组成(图 4.10),箱型截面过梁通过 U 型或 C 型钢与主柱相连。

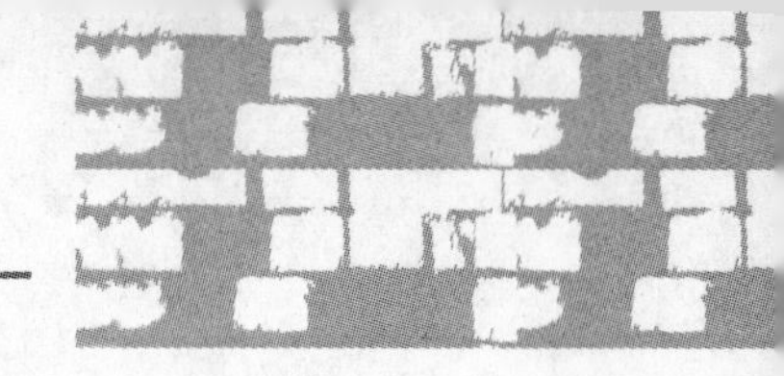

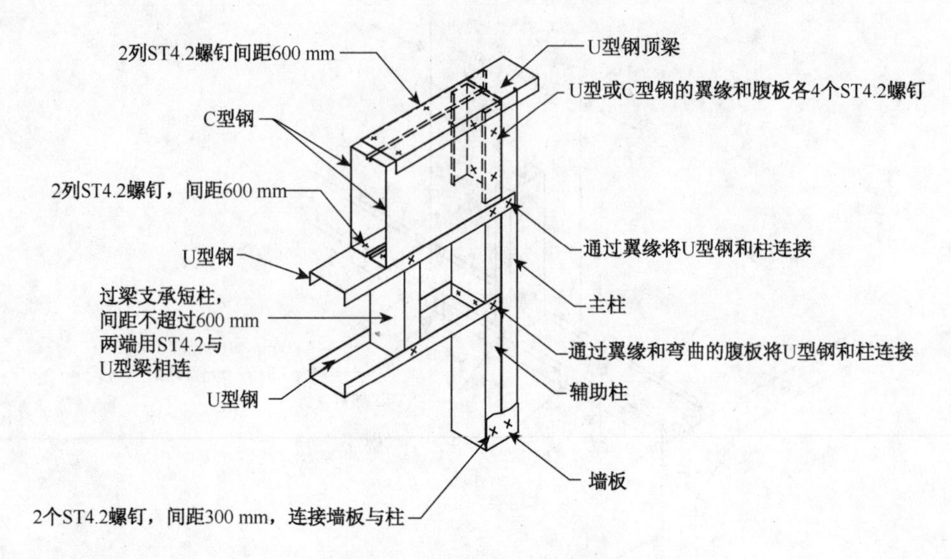

图 4.10　箱型截面过梁构造

② 工型截面过梁：由两个相同型号 C 型截面钢背靠背组成（图 4.11），工型截面过梁通过角钢连接件与主柱相连。工型（或箱型）截面过梁与主柱连接的螺钉规格及数量应符合表 4.3 的要求，其中一半螺钉用于连接件翼缘（或肢）与过梁的连接，另一半用于连接件腹板（或肢）与主柱的连接。连接件的长度为过梁高度减去 10 mm，厚度不小于墙柱的厚度。

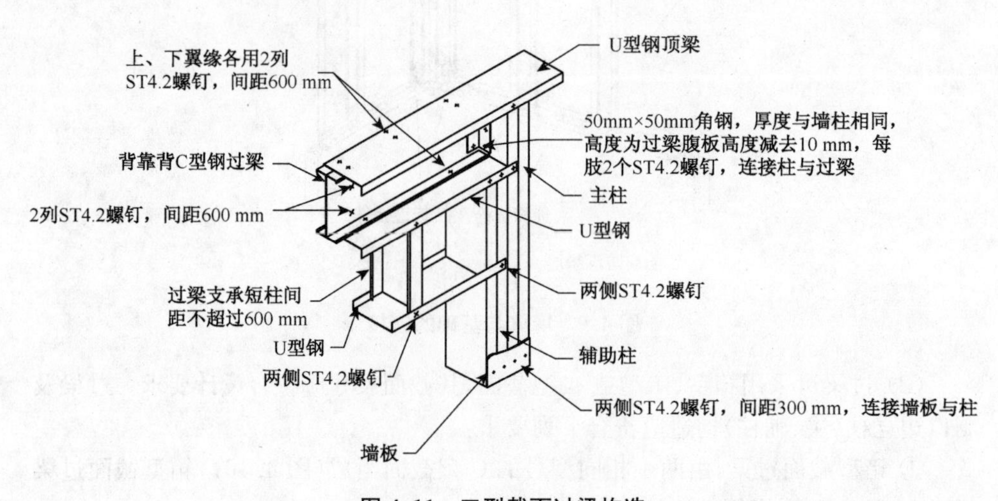

图 4.11　工型截面过梁构造

表 4.3　过梁与主柱的连接要求

过梁跨度（mm）	基本风压 w_0(标准值)，地面粗糙度，设防烈度			
	＜0.45 kN/m²，C类，设防烈度8度及其以下	＜0.45 kN/m²，B 类，或 0.65 kN/m²，C类	＜0.55 kN/m²，B类	＜0.65 kN/m²，B类
＜1 200	4 个 ST4.2 螺钉	4 个 ST4.2 螺钉	6 个 ST4.2 螺钉	6 个 ST4.2 螺钉
＞1 200～2 400	4 个 ST4.2 螺钉	4 个 ST4.2 螺钉	6 个 ST4.2 螺钉	8 个 ST4.2 螺钉
＞2 400～3 600	4 个 ST4.2 螺钉	6 个 ST4.2 螺钉	8 个 ST4.2 螺钉	10 个 ST4.2 螺钉
＞3 600～4 800	4 个 ST4.2 螺钉	6 个 ST4.2 螺钉	10 个 ST4.2 螺钉	12 个 ST4.2 螺钉

③ L 型截面过梁：由两个相同型号的冷弯角钢组成(图 4.12)，L 型过梁的短肢和墙体顶梁的搭接采用间距 300 mm 的 ST4.2 螺钉，长肢与主柱及过梁支承短柱的连接采用 2 个 ST4.2 螺钉。

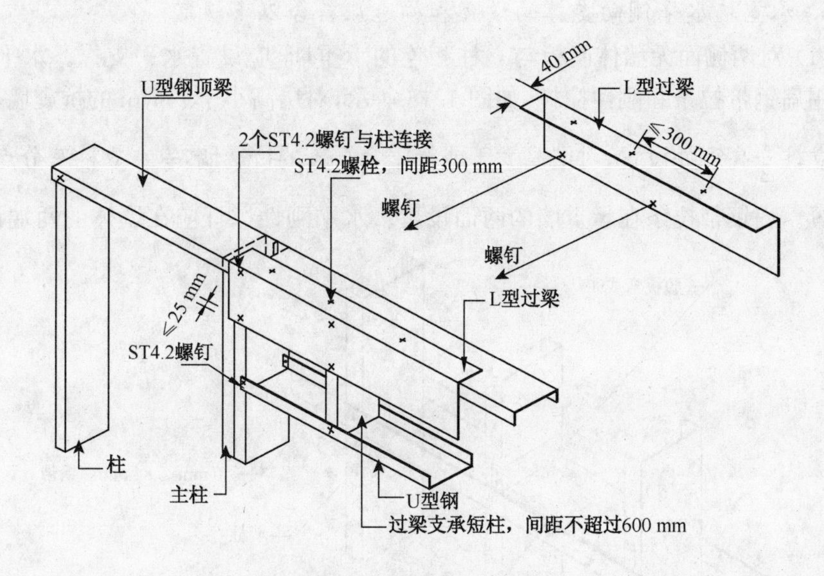

图 4.12　L 型截面过梁构造

④ 过梁两侧柱的数量：过梁每侧的主柱和辅助柱的数量应符合表 4.4 的要求。主柱、辅助柱、过梁支承短柱的尺寸和厚度与相邻的墙柱相同。主柱和辅助柱应采用墙板互相连接，参见图 4.10 和图 4.11。

表 4.4　洞口每端需要的辅助柱和主柱总数量

开口尺寸（mm）	墙柱间距 600 mm		墙柱间距 400 mm	
	辅助柱数量	主柱数量	辅助柱数量	主柱数量
～1 000	1	1	1	1
1 050 ～ 1 500	1	2	1	2
1 500 ～ 2 450	1	2	2	2
2 450 ～ 3 200	2	2	2	3
3 200 ～ 3 650	2	2	3	3
3 650 ～ 3 950	2	3	3	3
3 950 ～ 4 250	2	3	3	4
4 250 ～ 4 900	2	3	3	4
4 900 ～ 5 500	3	3	4	4

5. 承重墙水平侧向支撑的设置和构造应符合以下规定

(1) 对两侧面无墙体面板与立柱相连的承重墙，应设置水平支撑。水平支撑可采用扁钢带拉条和刚性撑杆，如图 4.13 所示，对层高小于 2.7 m 的抗震墙，宜在水平立柱$\frac{1}{2}$高度处设置，对层高大于或等于 2.7 m 的抗震墙，宜在立柱三分点高度处设置。扁钢带拉条在承重墙的两面设置。水平刚性撑杆应在墙体的两端设置，

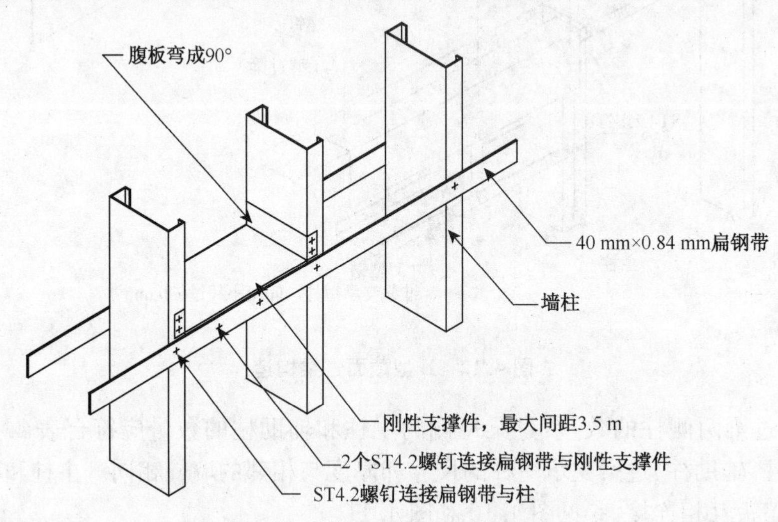

图 4.13　两面扁钢带作为柱间支撑

且水平间距不宜大于 3.5 m。刚性撑杆采用和立柱同宽的槽形截面,其翼缘用螺钉和钢带拉条相连接,端部弯起和立柱相连接。

(2) 对一侧无墙面板的承重墙,应在无墙面板一侧设置扁钢带拉条和刚性撑杆,如图 4.14 所示。

(3) 对两侧均安装墙体面板的承重墙,墙体面板对立柱已起到侧向支撑作用。

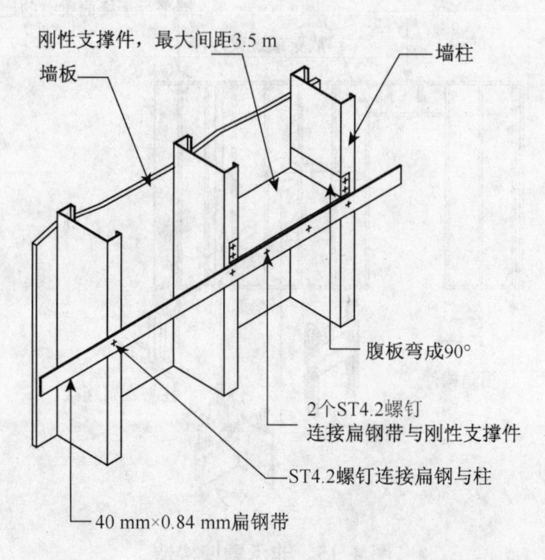

图 4.14　一面扁钢带、一面墙板作为柱间支撑

4.1.2　非承重墙构造要求

(1) 非承重墙的冷弯槽钢构件壁厚不宜小于 0.60 mm。

(2) 非承重墙的立柱高度不应超过表 4.5 的规定。

(3) 非承重墙及其门窗洞口、墙拐角、内外墙交接可参照图 4.15～图 4.19 建造。

表 4.5　非承重墙的立柱高度　　单位:m

柱型号	$\frac{1}{2}$高度处设置扁钢带拉条		沿墙高采用双面石膏板	
	柱间距		柱间距	
	400 mm	600 mm	400 mm	600 mm
C90×35×12×0.60	3.3	2.4	3.6	2.4
C90×35×10×0.69	3.9	3.3	4.5	3.9
C90×35×10×0.84	4.2	3.6	4.9	4.2

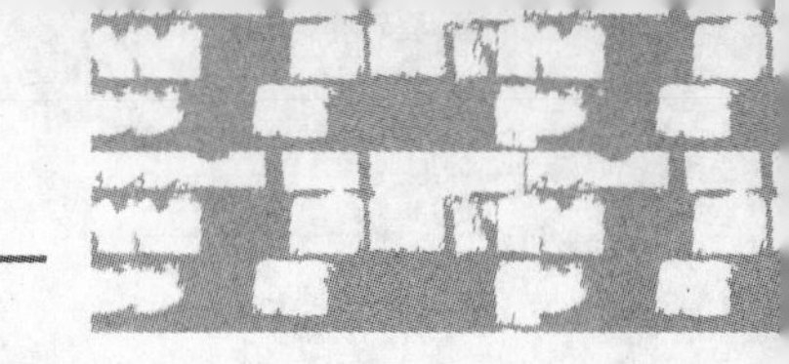

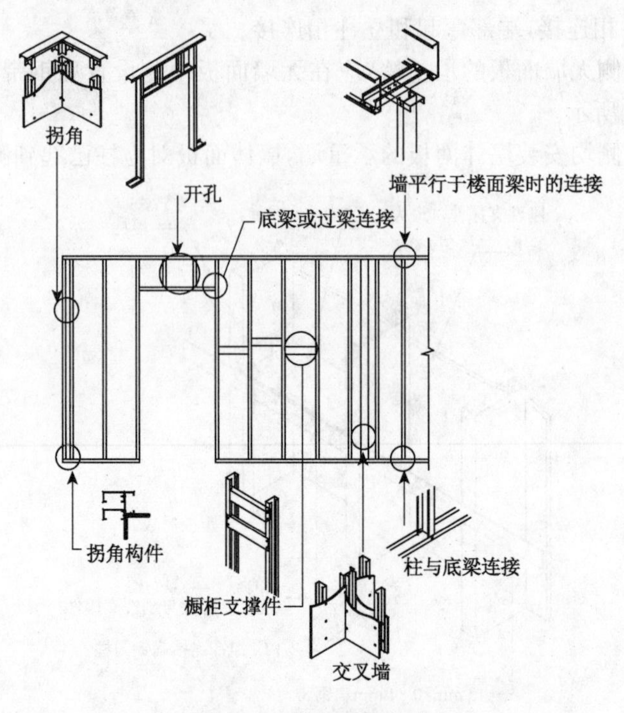

图 4.15 非承重墙构造

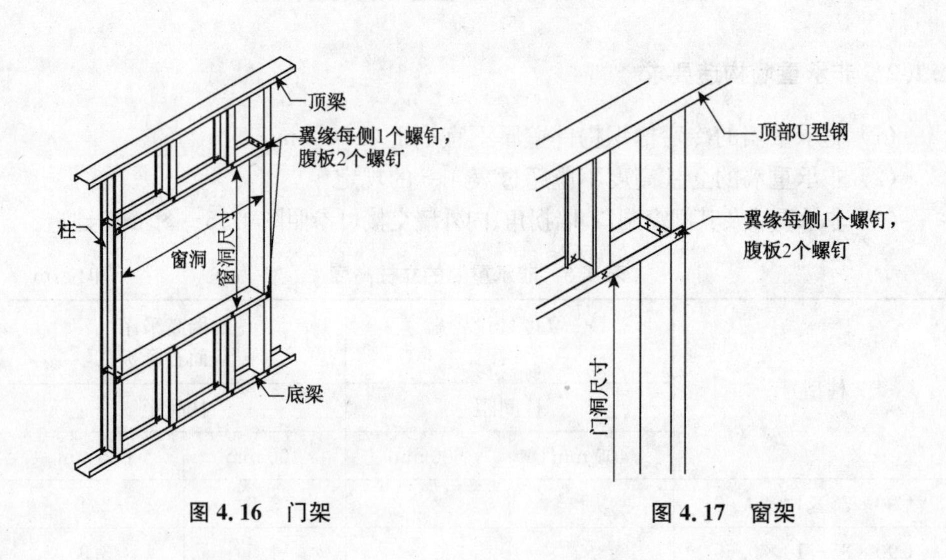

图 4.16 门架

图 4.17 窗架

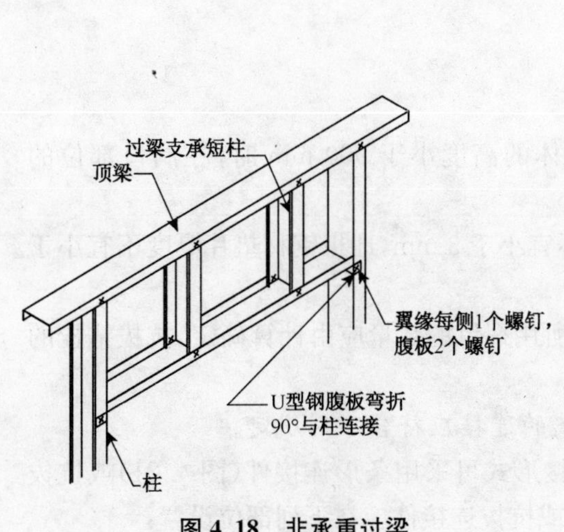

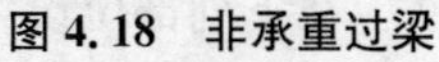
图 4.18　非承重过梁

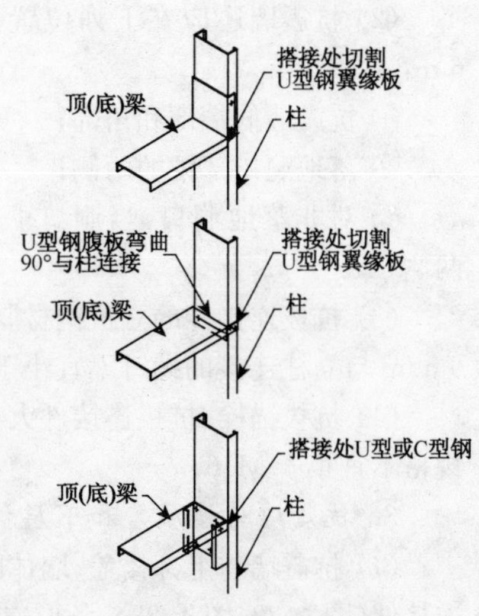

图 4.19　窗台 U 型构件

4.1.3　抗震墙构造要求

1. 在建筑平面两个主方向的外墙或内墙上应设置抗震墙，抗震墙支撑的设置和构造应符合以下规定

（1）抗震墙的水平支撑设置与承重墙相同。

（2）对两侧面无墙体面板与立柱相连的抗震墙，还应设置交叉支撑。交叉支撑可采用钢带拉条，钢带拉条宽度不宜小于 40 mm，厚度不宜小于 0.8 mm，宜在墙体两侧设置（图 4.20），且应从基础到顶层布置在同一平面内。

（3）在地震基本加速度为 0.30g 及以上或基本风压为 0.70 kN/m^2 及以上的地区，无论有无墙体面板，抗震墙均应设置交叉支撑和水平支撑。

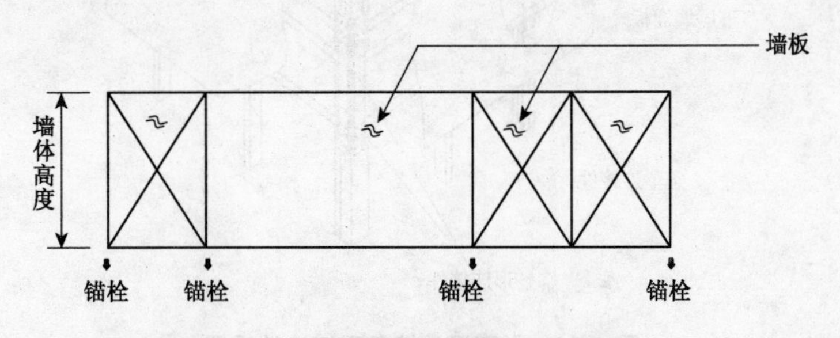

图 4.20　抗震墙交叉支撑设计位置示意

2. 抗震墙与基础连接的构造应符合下列规定

（1）抗震墙与基础连接的一般规定与承重墙相同。

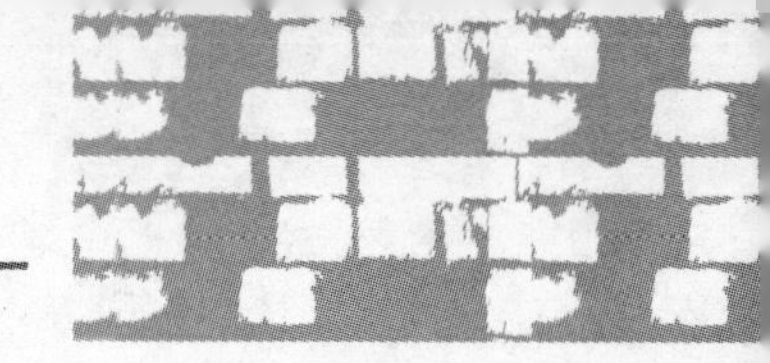

（2）抗震墙还应在下列位置设置抗拔锚栓和抗拔连接件，其间距不宜大于6 m：

① 抗震墙的端部和角部；

② 落地洞口部位的两侧；

③ 对非落地洞口，当洞口下部墙体的高度小于 900 mm 时，在洞口部位的两侧。

（3）抗拔连接件的立板钢材厚度不宜小于 3 mm，地板钢材垫片厚度不宜小于 6 mm，与立柱连接的螺钉不宜小于 6 个。

（4）抗拔锚栓、抗拔连接件大小及所用螺钉的数量应由计算确定，抗拔锚栓的规格不宜小于 M16。

3. 抗震墙与楼屋盖和下层抗震墙的连接应符合下列规定

（1）抗震墙与上部楼盖、墙体的连接形式可采用条形连接件（图 4.21）或抗拔连接件（图 4.22，图 4.23）；条形连接件或抗拔连接件应在下列部位设置：

① 抗剪墙的端部、墙体拼接处；

② 沿外部抗剪墙，其间距不应大于 2 m；

③ 上层抗剪墙落地洞口部位的两侧；

④ 在上层抗剪墙非落地洞口部位，当洞口下部墙体的高度小于 900 mm 时，在洞口部位的两侧。

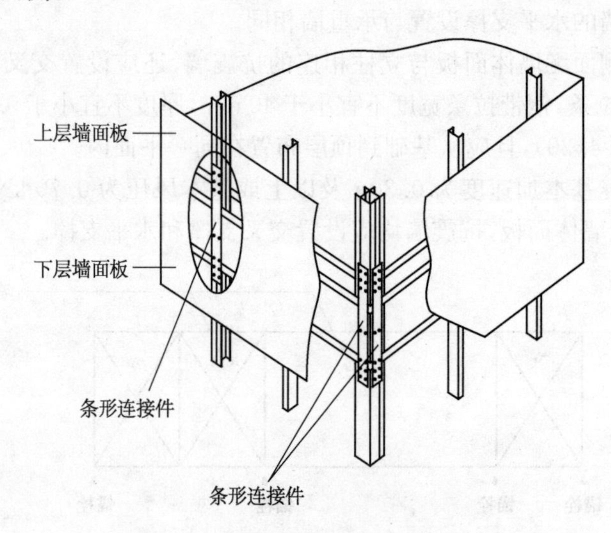

图 4.21　上下层外墙条形连接件设置

（2）条形连接件厚度不应小于 1.2 mm，与下部墙体、楼盖或上部墙体采用螺钉连接时，螺钉数量不应小于 6 个。

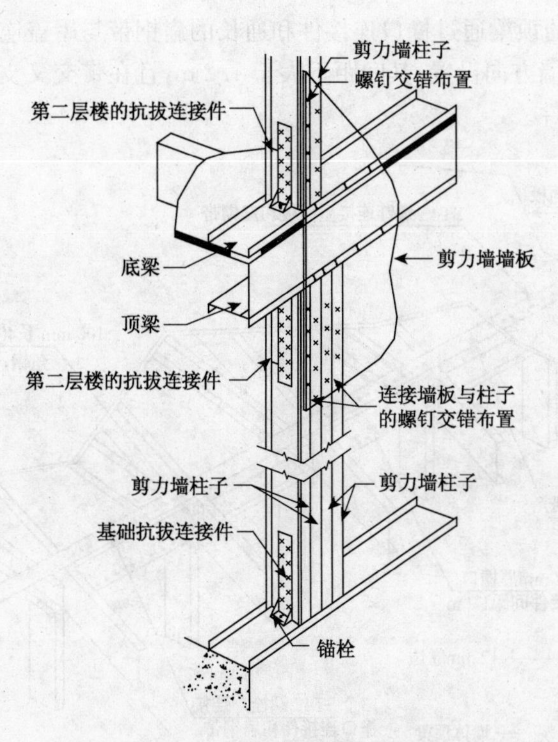

图 4.22　剪力墙上设置抗拔连接件的柱子

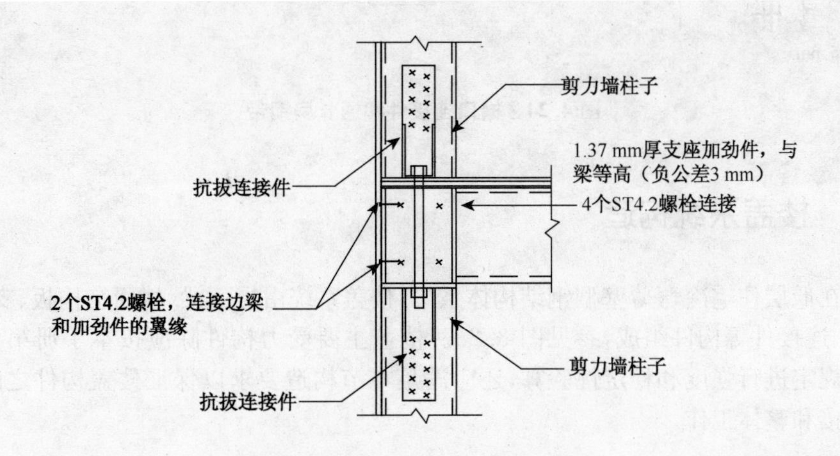

图 4.23　上下层柱子的抗拔连接

(3) 抗震墙的顶梁与上部采用螺钉连接时，每根楼面梁不宜少于 2 个，槽钢边梁 1 m 范围内不宜小于 8 个。

(4) 抗震墙的顶梁通过檐口连接件和通长的扁钢带与屋盖连接(图 4.24)。檐口连接件沿抗震墙方向设置,其间距不大于 1.2 m,且在带交叉支撑边柱的顶部必须设置檐口连接件。

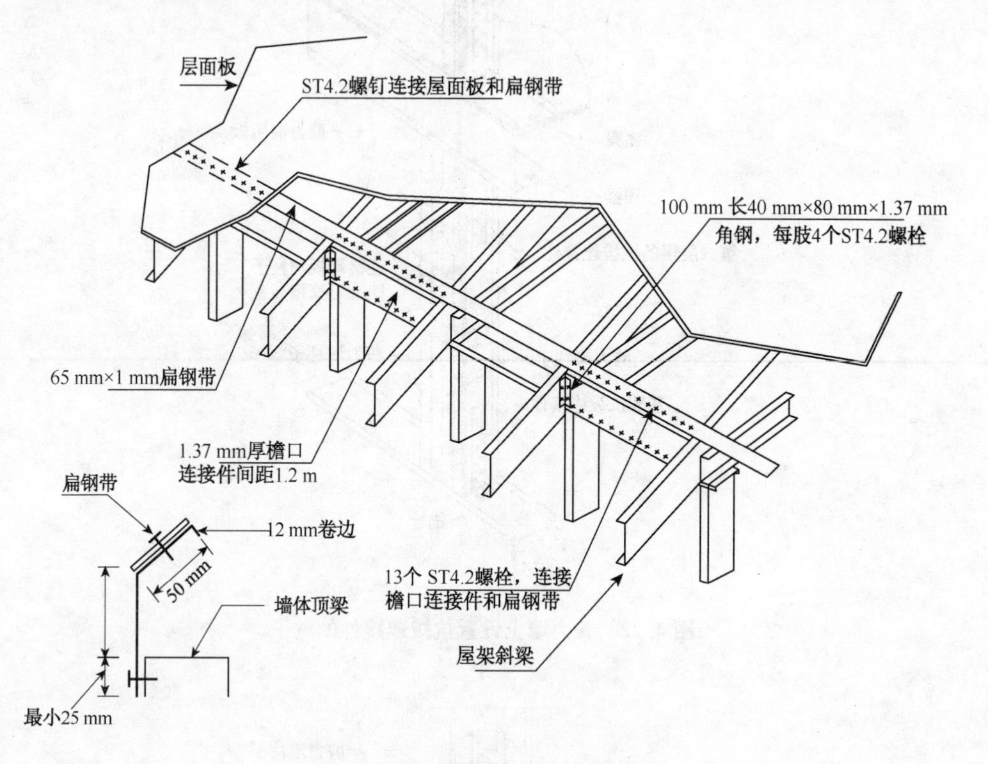

图 4.24 檐口连接件和通长扁钢带

4.2 楼盖系统构造

在低层住宅冷弯薄壁型钢结构体系中,楼盖系统由楼面梁、楼面结构板、支撑、拉条、连接件等构件组成,参见图 3.28。楼盖主要受力构件除应按本手册第三章有关规定进行强度和稳定性验算,还应满足本节构造要求以保证楼盖构件之间可靠连接和整体工作。

4.2.1 一般构造要求

1. 水平构件开口及开口补强

因为铺设管道的需要,一般在冷弯薄壁型钢构件的腹板上每隔一定的距离冲(或割)出圆形或椭圆形洞口(图 4.25),洞口的设置应满足以下尺寸要求:

(1) 水平构件洞口的中心距不应小于 600 mm。

(2) 水平构件洞口的高度或直径不应大于腹板高度的$\frac{1}{2}$或 65 mm 的较小值。

(3) 椭圆形洞口的长度不宜大于 110 mm。

(4) 洞口边至最近端部支承构件边缘的净距不应小于 300 mm。

(5) 洞口处宜设置套管或垫圈,避免管线直接与构件接触。

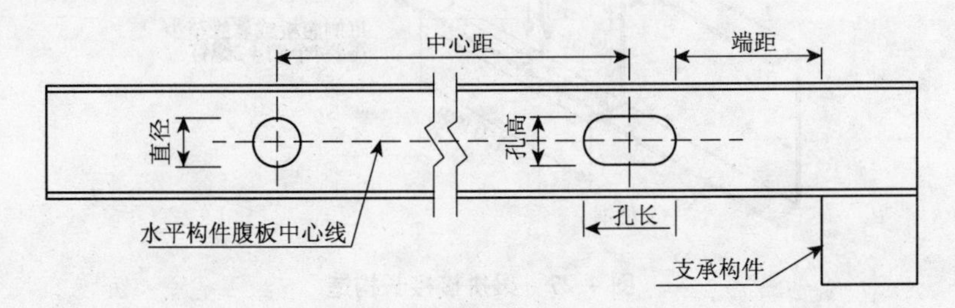

图 4.25　水平构件开洞示意

当孔的尺寸不满足上述要求时,应按图 4.26 的要求用钢板或 U 型、C 型钢补强,其厚度不小于构件的厚度,每边超出孔的边缘不应小于 25 mm, ST4.2 连接螺钉的间距不应大于 25 mm,螺钉到板边缘的距离不应小于 12 mm。

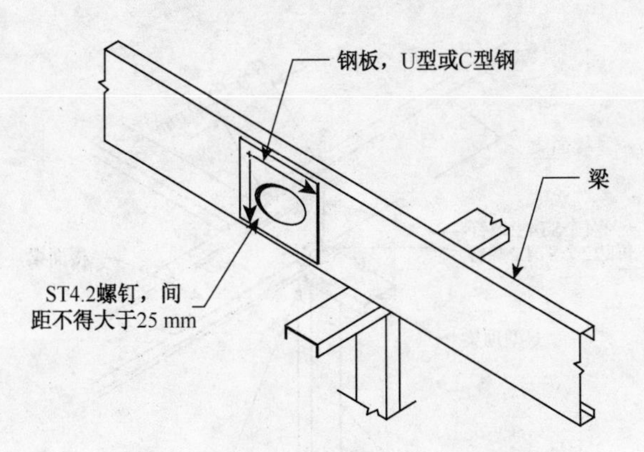

图 4.26　水平构件腹板开孔的补强构造

2. 水平构件拼接要求

用于顶梁、底梁、边梁的 U 型截面构件需要拼接接长时,可采用图 4.27 所示的拼接形式。拼接长度不应小于 150 mm,腹板之间的连接至少每边用 4 个 ST4.2 的自攻螺钉,每侧翼缘至少用 4 个 ST4.2 的自攻螺钉。C 型截面拼接构件的厚度不小于所连接的构件厚度。顶梁、底梁在墙架柱之间有集中荷载作用的区间不应拼接接长。

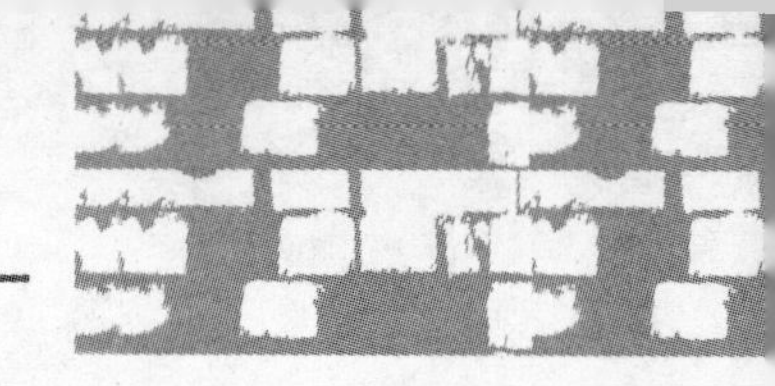

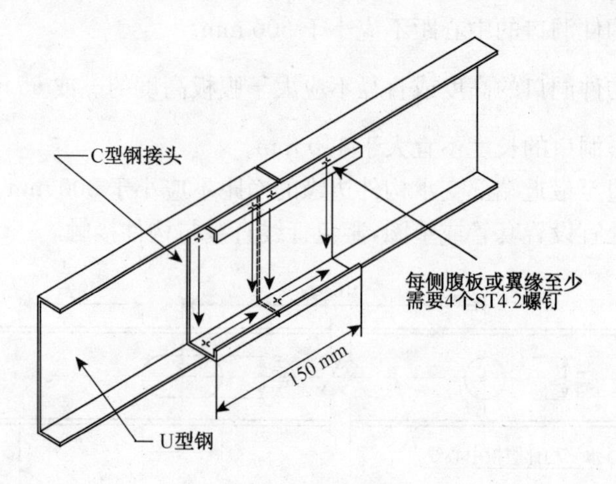

图 4.27　梁拼接接长构造

3. 水平构件搭接要求

楼面简支梁在内承重墙顶部采用搭接接长时，可采用图 4.28 所示的搭接形式。搭接长度不应小于 150 mm，每根梁应至少用 2 个 ST4.2 的自攻螺钉与顶导梁连接，梁与梁之间应至少用 4 个 ST4.2 的自攻螺钉连接。

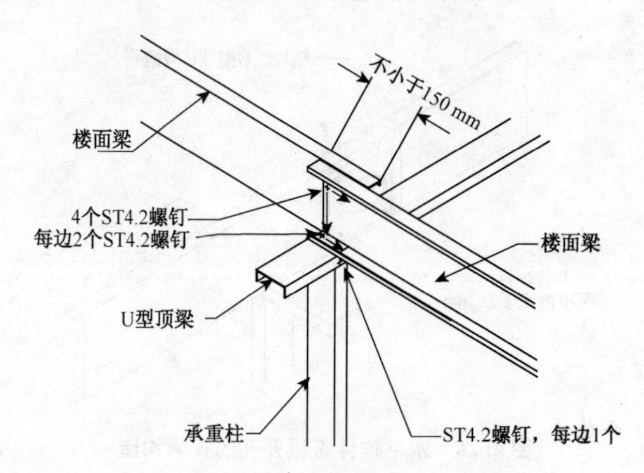

图 4.28　梁搭接接长构造

4. 楼板开洞要求

楼梯、集中管道井等楼板开洞处，洞口的最大宽度不宜超过 2.4 m，洞口周边须设置桁架或拼合箱型截面梁(图 4.29)，集中管道井等洞口的周边设置抗剪墙体处可不设桁架或组合梁。拼合构件上下翼缘应采用螺钉连接，间距不应大于 600 mm。梁之间宜采用 50 mm ×50 mm 的角钢连接，角钢每肢的螺钉不应少于 2 个。

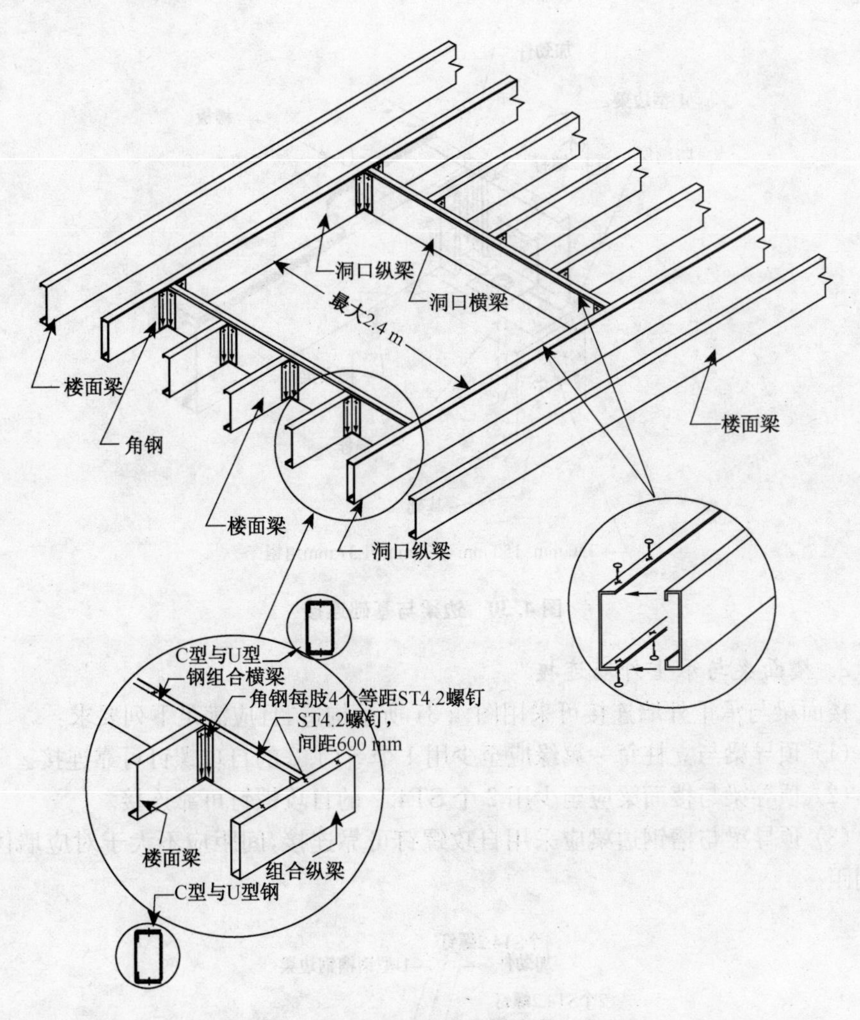

图 4.29 楼板开洞构造

4.2.2 连接要求

1. 边梁与基础连接

边梁与基础连接可采用图 4.30 所示构造，连接角钢的规格宜采用 150 mm×150 mm，厚度不应小于 1.0 mm。角钢与边梁应至少采用 4 个 ST4.2 的自攻螺钉可靠连接，与基础应采用地脚螺栓连接。地脚螺栓宜均匀布置，距离墙端部或墙角应不大于 300 mm，直径应不小于 12 mm，间距应不大于 1 200 mm，埋入基础深度应不小于其直径的 25 倍。

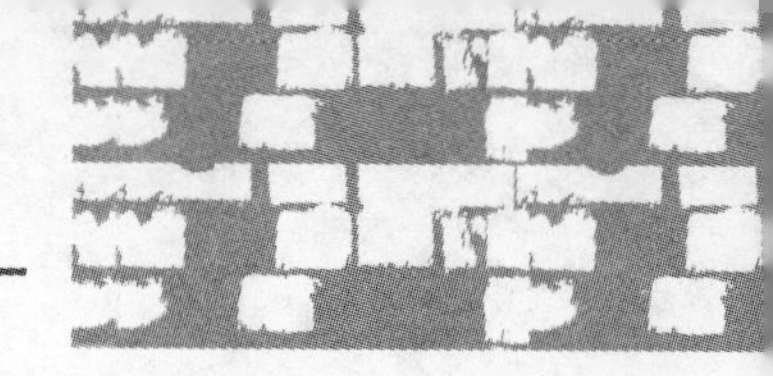

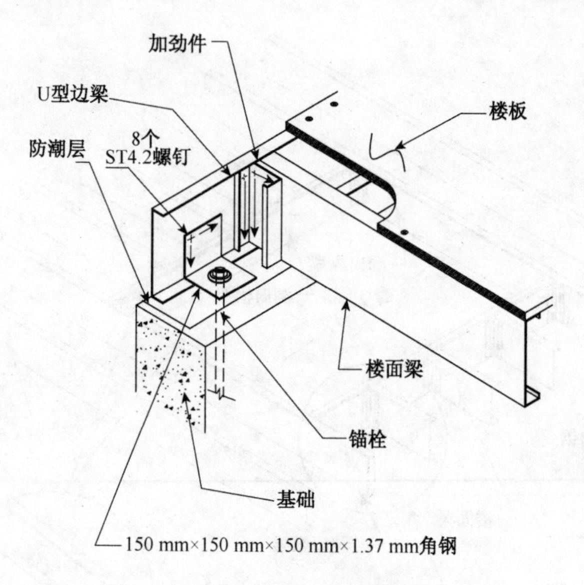

图 4.30　边梁与基础连接

2. 楼面梁与承重外墙连接

楼面梁与承重外墙连接可采用图 4.31 所示构造，且应满足下列要求：

(1) 顶导梁与立柱每一翼缘应至少用 1 个 ST4.2 的自攻螺钉可靠连接。

(2) 顶导梁与楼面梁应至少用 2 个 ST4.2 的自攻螺钉可靠连接。

(3) 顶导梁与槽钢边梁应采用自攻螺钉可靠连接，间距应不大于对应墙体立柱间距。

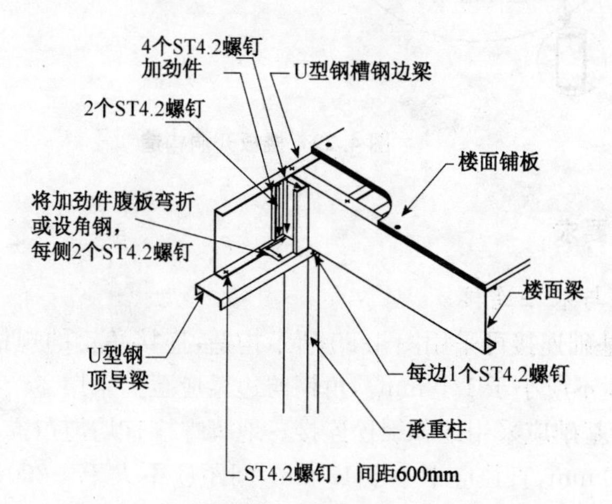

图 4.31　楼面梁与承重外墙连接

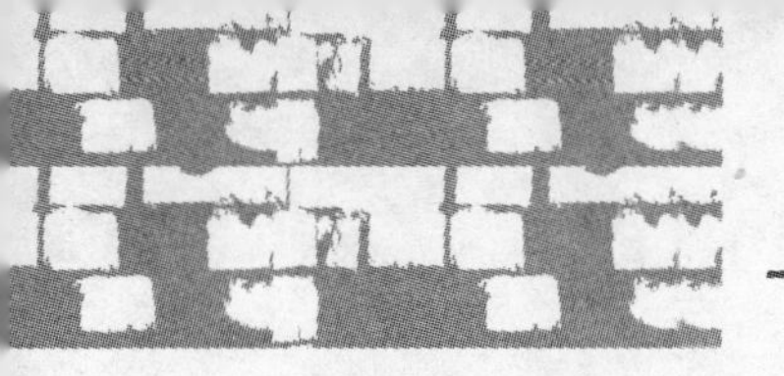

3. 悬臂梁与基础连接

悬臂梁与基础连接可采用图 4.32 所示的构造，其中，地脚螺栓规格和布置形式同边梁与基础连接要求。悬臂梁间每隔一个间距应设置刚性撑杆，其中间部位用连接角钢与基础连接，角钢应至少用 4 个 ST4.2 的自攻螺钉与刚性撑杆连接；其端部角钢每肢应至少用 2 个螺钉分别与刚性撑杆和悬臂梁连接。刚性撑杆截面形式应与梁相同，厚度不应小于 1.0 mm。

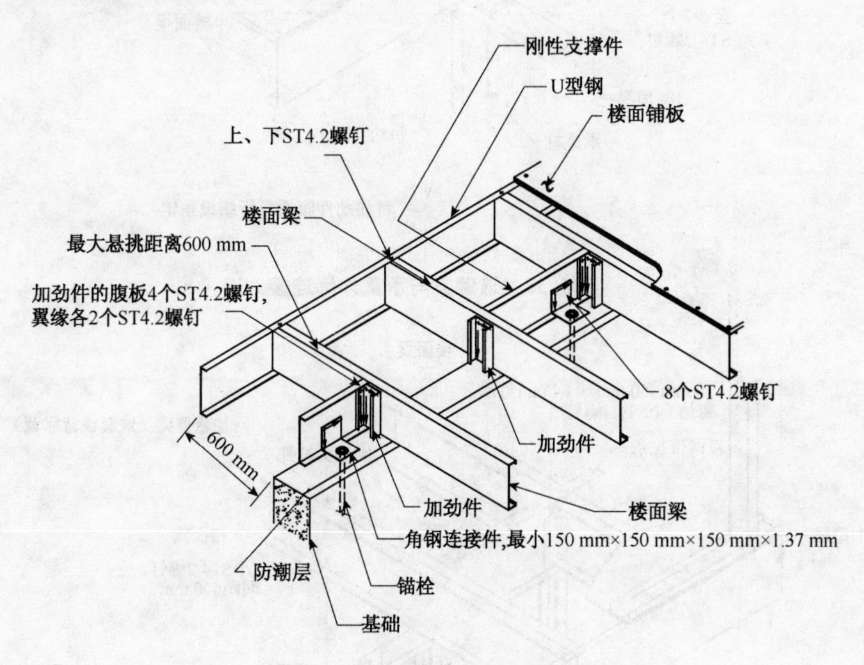

图 4.32　悬臂梁与基础连接

4. 悬臂梁与承重外墙连接

悬臂梁与承重外墙连接可采用图 4.33 所示的构造，其中，顶导梁与立柱、顶导梁与悬臂梁连接要求同本手册 4.2.2 节第 2 条中的(1)、(2)款要求。此外，刚性撑杆设置的要求同本手册 4.2.2 节第 3 条中的规定。

当悬挑楼盖末端支承上部承重墙体时(图 4.34)，悬臂梁悬挑长度不宜超过跨度的 $\frac{1}{3}$。悬挑部分宜采用拼合工字型截面构件，其纵向连接间距不得大于 600 mm，每处上下各应至少用 2 个 ST4.2 自攻螺钉连接，且拼合构件向内延伸不应小于悬挑长度的 2 倍。

5. 楼面与基础连接

楼面与基础间连接可采用如图 4.35 所示的构造。当设置木槛时，木槛与基础

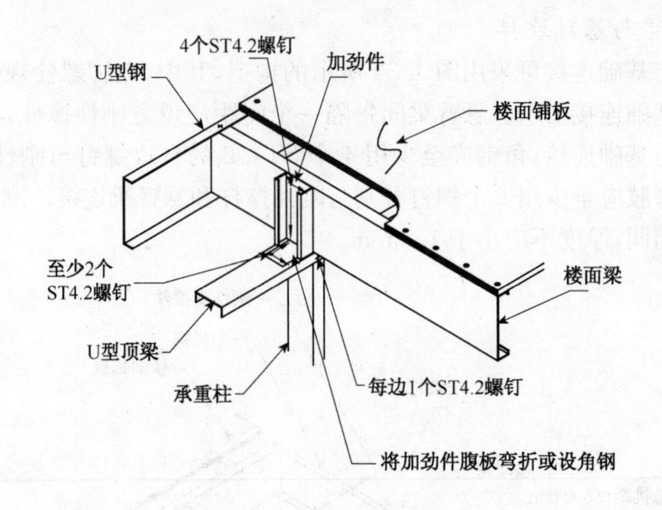

图 4.33　悬臂梁与承重外墙连接

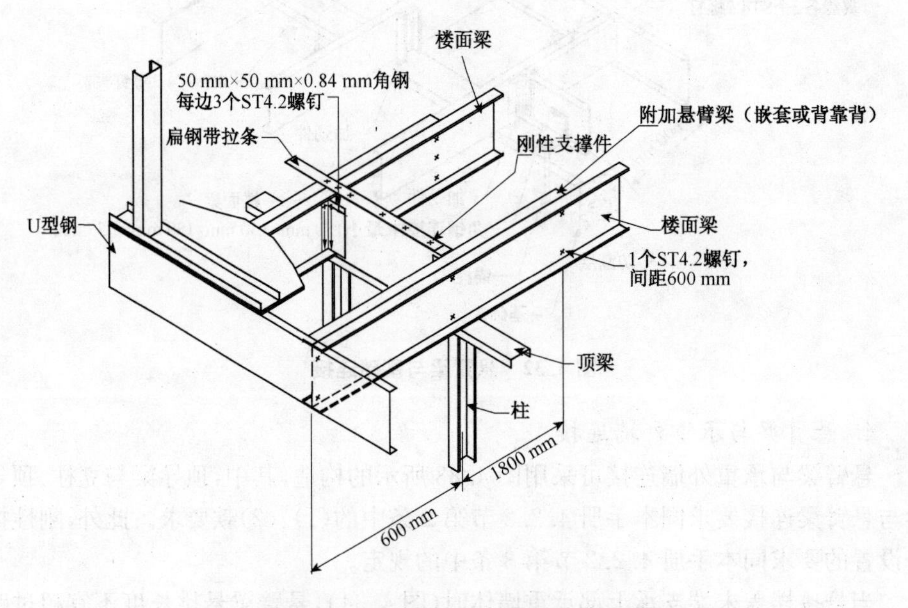

图 4.34　悬臂拼合梁与承重外墙连接

应采用地脚螺栓连接，楼面边梁和木槛应采用钢板、普通铁钉或螺钉连接。地脚螺栓规格和布置形式应符合本手册 4.2.2 节第 1 条中的规定，连接钢板的厚度不得小于 1.0 mm，连接螺钉的数量不得少于 4 个。

6. 结构面板与楼面梁的连接

结构面板宜采用结构用 OSB 板，厚度不应小于 15 mm。结构面板的板边与楼

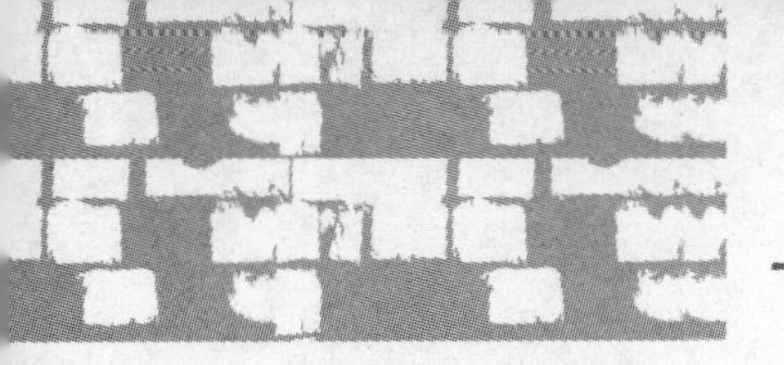

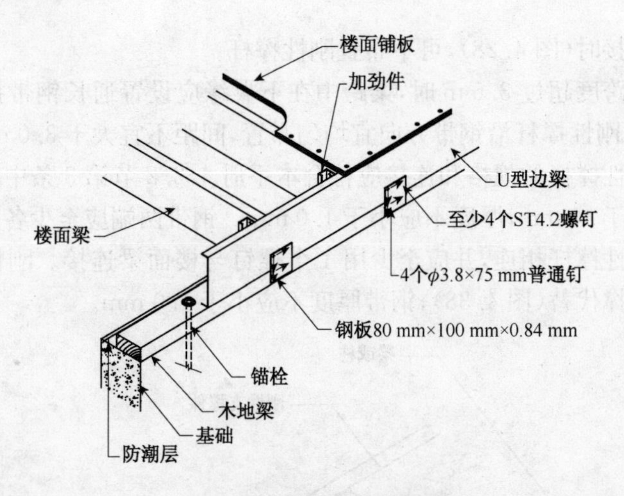

图 4.35　楼面与基础连接

面梁连接的自攻螺钉间距不应大于 150 mm，结构面板中间边与楼面梁连接的自攻螺钉间距不应大于 300 mm，螺钉孔边距不应小于 12 mm。

在基本风压不小于 0.7 kN/m² 或地震基本加速度为 0.3g 及以上的区域，楼面结构面板的厚度不应小于 18 mm，且结构面板与梁连接的螺钉间距不应大于 150 mm。楼面板的连接构造详见图 4.36。

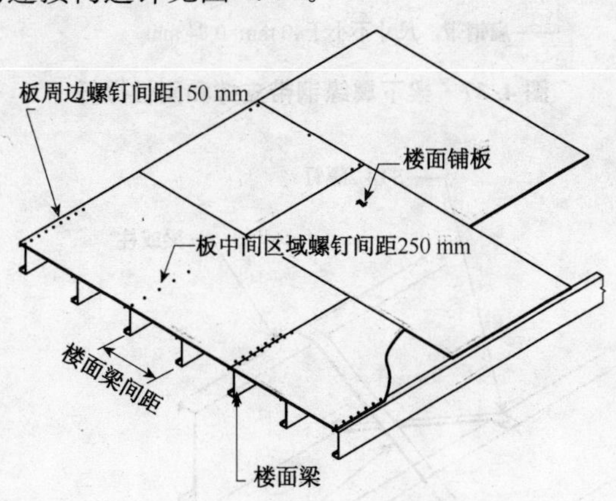

图 4.36　楼面板连接

4.2.3　其他构造措施

1. 刚性撑杆和钢带支撑的设置

楼面连续梁中间支座处应沿支座长度方向设置刚性撑杆，间距不宜大于 3.0 m，其规格和连接应符合本手册 4.2.2 节第 3 条中的规定。当楼面梁在中间支座处背靠背搭接时(图 4.28),可不布置刚性撑杆。

楼面梁的跨度超过 3.6 m 时,梁跨中在下翼缘应设置通长钢带拉条和刚性撑杆(图 4.37)。刚性撑杆沿钢带方向宜均匀布置,间距不宜大于 3.0 m,且应在钢带两端设置。刚性撑杆的规格和连接应符合本手册 4.2.2 节第 3 条中的规定。钢带的宽度不应小于 40 mm,厚度不应小于 1.0 mm。钢带两端应至少各用 2 个 ST4.2 自攻螺钉与刚性撑杆相连,并应至少用 1 个螺钉与楼面梁连接。刚性撑杆可以采用交叉钢带支撑代替(图 4.38),钢带厚度不应小于 1.0 mm。

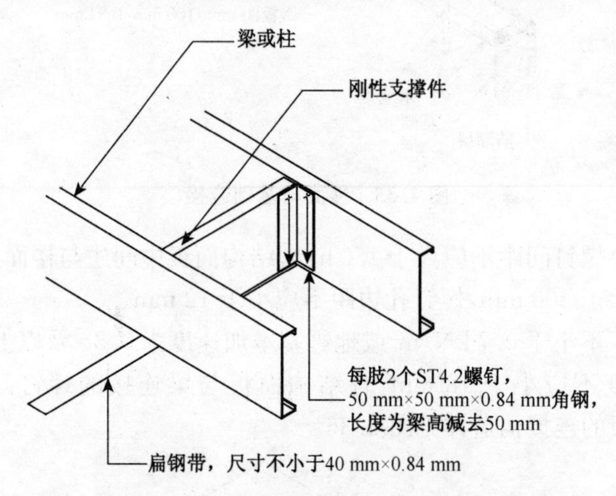

图 4.37　梁下翼缘钢带支撑和刚性撑杆

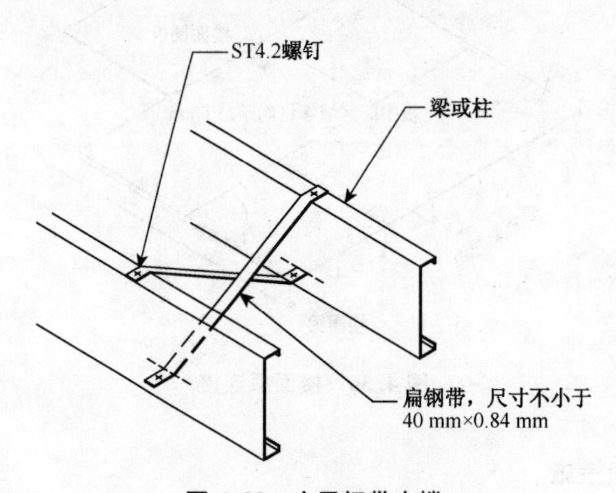

图 4.38　交叉钢带支撑

2. 加劲件设置

水平构件腹板加劲件宜设置在支座和集中荷载作用处,加劲件可采用厚度不

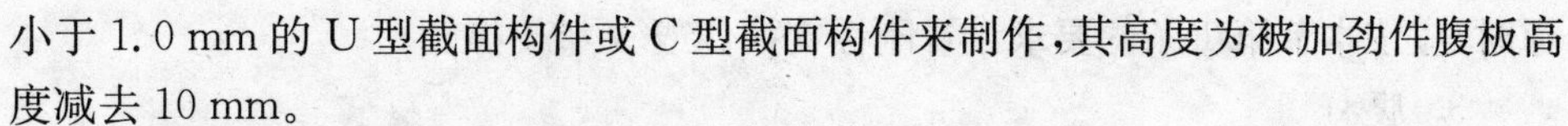

小于 1.0 mm 的 U 型截面构件或 C 型截面构件来制作，其高度为被加劲件腹板高度减去 10 mm。

腹板加劲件与被加劲件构件（楼面梁）腹板应至少用 4 个 ST4.2 自攻螺钉连接，与边梁应至少用 2 个 ST4.2 自攻螺钉可靠连接。自攻螺钉应均匀布置，如图 4.39所示。支座处，水平构件腹板加劲件可设置在被加劲件腹板的内侧或外侧。

具体设计时，在安全可靠的前提下，楼盖系统构造也可以采用其他的连接形式和构造方法，并按相关的现行国家标准设计。本手册鼓励采用新的材料和新的构造做法。

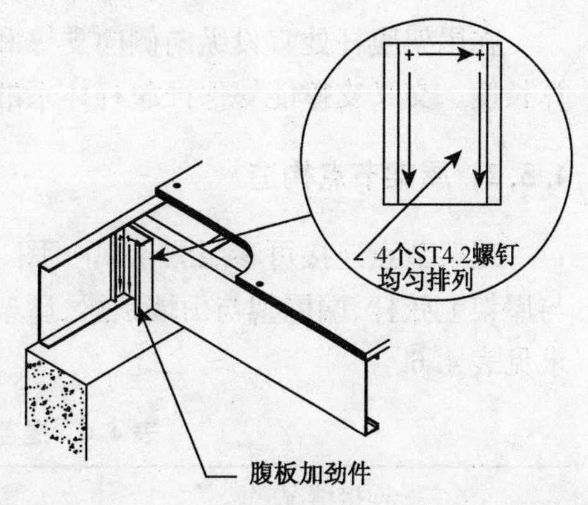

图 4.39　水平构件腹板加劲件设置

4.3　屋盖系统构造

低层冷弯薄壁型钢房屋屋盖系统可参照图 3.32～图 3.33 建造，屋面承重结构可采用桁架[图 3.33(a)]或斜梁形式[图 3.33(b)]，屋盖系统及其构件的强度、刚度和稳定均应满足设计要求。本节主要介绍桁架构造，横梁形式屋架的构造与桁架构造相同。

4.3.1　支撑要求

1. 屋架下弦杆

屋架下弦杆上翼缘的水平支撑宜采用厚度不小于 0.84 mm 的 U 型或 C 型截面，或 40 mm × 0.84 mm 的扁钢带。下弦杆下翼缘可采用石膏天花板或通长设置扁钢带以起水平支撑作用，石膏板的固定宜采用 ST3.5 的螺钉；当采用 40 mm × 0.84 mm 的扁钢带时，扁钢带的间距不应大于 1.2 m。扁钢带水平支撑与下弦杆上（或下）翼缘可采用 1 个 ST4.2 螺钉连接。沿扁钢带设置方向，应在扁钢端头和每隔 3.5 m 设置刚性支撑件或 X 型支撑，扁钢带与刚性支撑件可采用 2 个 ST4.2螺钉连接，参见图 4.37，图 4.38。

2. 屋架上弦杆

屋架上弦杆应铺设结构板或在下翼缘设置水平支撑，水平支撑宜采用厚度不小于 0.84 mm 的 U 型或 C 型截面，或 40 mm×0.84 mm 扁钢带，支撑间距不应大于 2.4 m，支撑与屋架上弦杆下翼缘采用 2 个 ST4.2 螺钉连接。当采用扁钢带支

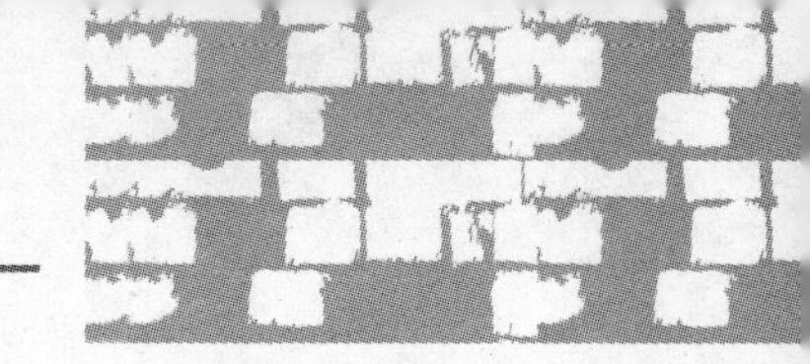

撑时，应按本节第1条的要求设置刚性支撑件或X型支撑。

3. 腹杆

在屋架腹杆处宜设纵向侧向支撑和交叉支撑，以减少腹杆在桁架平面外的计算长度。交叉支撑能够保证腹杆体系的整体性，有利于保持屋架的整体稳定。

4.3.2 屋架节点构造

屋架节点连接可参照图4.40～图4.49，屋架下弦杆与承重墙的顶梁、屋面板与屋架上弦杆、端屋架与山墙顶梁、屋架上弦杆与屋架下弦杆或屋脊构件的连接要求见表4.6。

表4.6 屋盖系统的连接要求

连接情况	紧固件的数量、规格和间距
屋架下弦杆与承重墙的顶梁	2个ST4.8螺钉，沿顶梁宽度布置
屋面板与屋架上弦杆	ST4.2螺钉，边缘间距为150 mm，中间部分间距为300 mm；在端桁架上，间距为150 mm
端屋架与山墙顶梁	ST4.8螺钉，中心距为300 mm
屋架上弦杆与下弦杆或屋脊构件	ST4.8螺钉，均匀排列，到边缘的距离不小于12 mm，数量符合设计要求

屋架下弦杆的支承长度不应小于40 mm，在支座位置及集中荷载作用处宜设置加劲件(图4.41)。当上弦杆和下弦杆采用开口同向连接方式连接时，宜在下弦腹板设置垂直加劲件[图4.42(a)]或水平加劲件[图4.42(b)]，加劲件厚度不应小于弦杆构件厚度，下弦杆在支座节点处端部下翼缘应延伸与上弦杆下翼缘相交。当采用水平加劲件时，水平加劲件的长度不应小于200 mm。

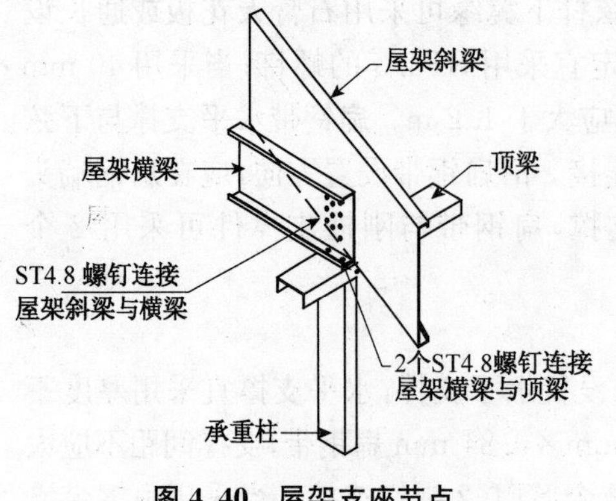

图4.40 屋架支座节点

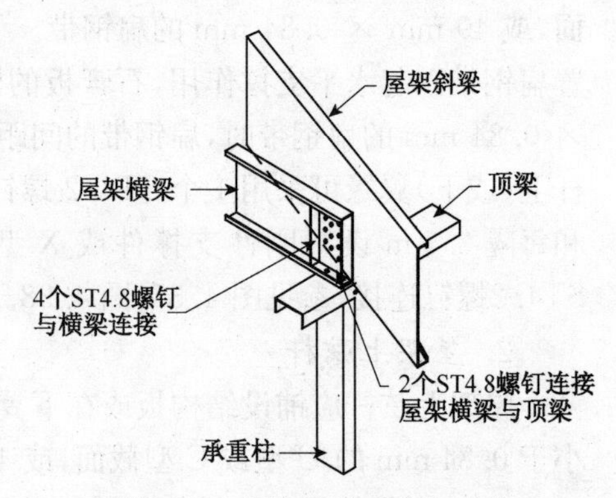

图4.41 屋架支座节点加劲件

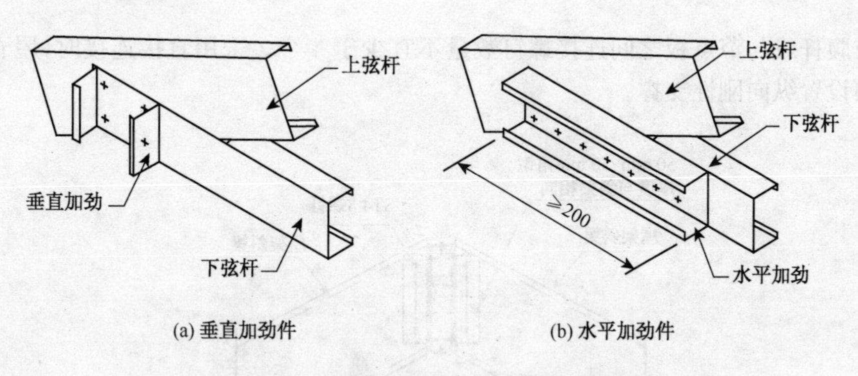

图 4.42　上弦杆与下弦杆开口同向连接

除屋架下弦杆外，屋架上弦杆和其他构件不宜采用拼接。屋架下弦杆只允许在跨中支承点处拼接(图 4.43)，拼接的每一侧所需螺钉数量和规格应和屋架上弦杆与下弦杆连接所需的螺钉数相同。

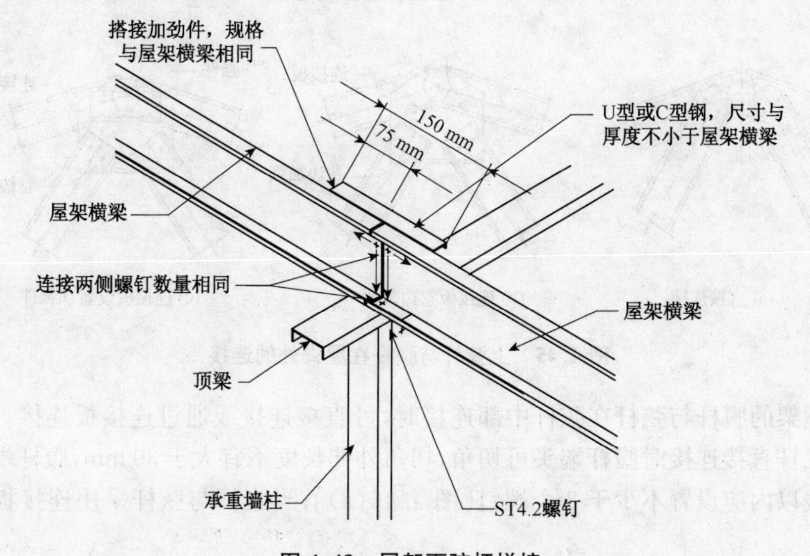

图 4.43　屋架下弦杆拼接

屋脊构件采用 U 型或 C 型钢的组合截面，其截面尺寸和钢材厚度与屋架上弦杆相同，上、下翼缘采用 ST4.8 螺钉连接，螺钉间距 600 mm。屋架上弦杆与屋脊构件的连接可参照图 4.44。连接件采用不小于 50 mm ×50 mm 的角钢，其厚度应不小于上弦杆的厚度。连接角钢每肢的螺钉不小于 ST4.8，均匀排列，数量符合设计要求。屋脊处无集中荷载时，屋架的上弦杆与腹杆在屋脊处可直接连接[图 4.45(a)]；屋脊处有集中荷载时应通过连接板连接[图 4.45(b)、(c)]；当采用连接板连接时，连接板宜卷边加强[图 4.45(b)]，或设置加强件[图 4.45(c)]。弦

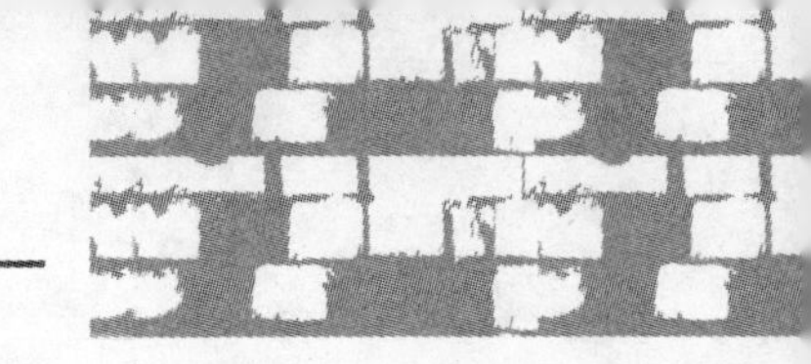

杆与腹杆或与节点板之间连接螺钉数量不宜少于 4 个。采用直接连接时，屋脊处必须设置纵向刚性支撑。

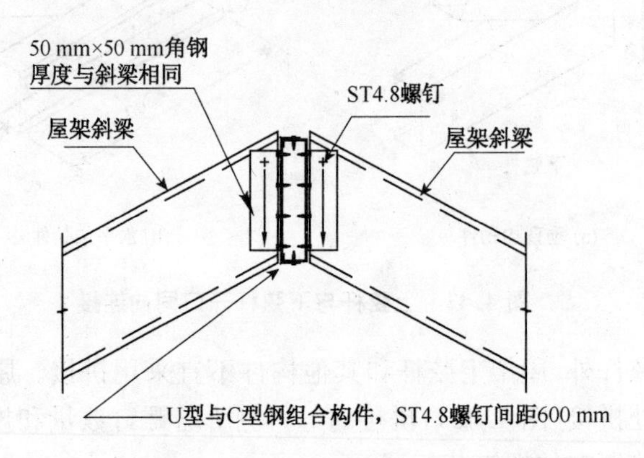

图 4.44　上弦杆与屋脊连接

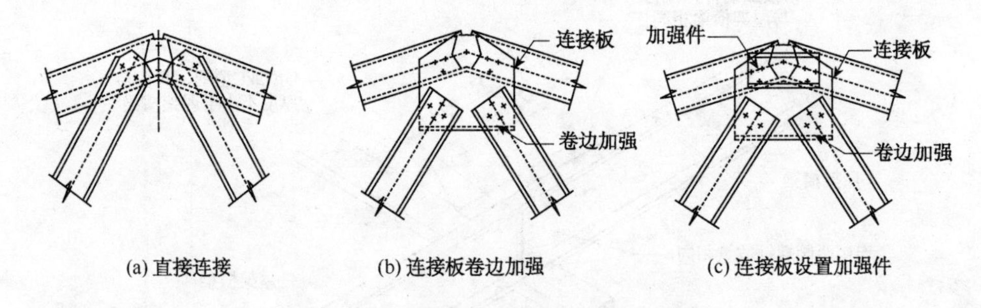

图 4.45　上弦杆与腹杆在屋脊处的连接

屋架的腹杆与弦杆在弦杆中部连接时，可直接连接或通过连接板连接。当腹杆与弦杆直接连接时腹杆端头可切角，切角外伸长度不宜大于 30 mm，腹杆端部卷边连线以内应设置不少于 2 个螺钉[图 4.46(a)]；当腹杆与弦杆采用连接板连接

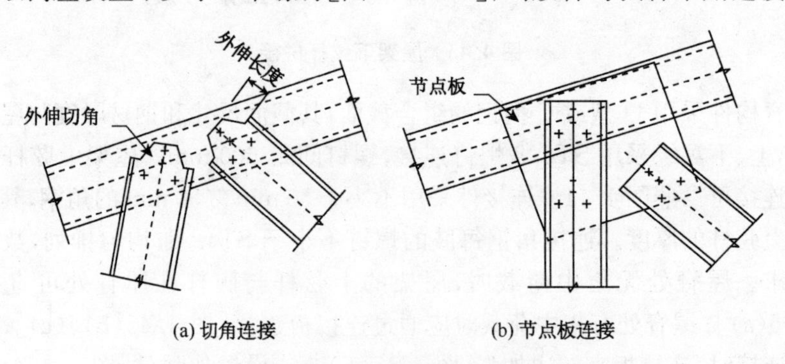

图 4.46　上弦杆与腹板连接

时，应至少有一根腹杆与弦杆直接连接[图4.46(b)]。必要时，连接节点处可采用拼合闭口截面进行加强，加劲件的长度不应小于 200 mm。

当屋架与外墙顶梁连接时，应采用三向连接件或其他类型抗拉连接件，以保证可靠传递屋架与墙体之间的竖向力和水平力。连接螺钉数量不宜少于 3 个。山墙屋架的腹杆与山墙立柱宜上下对应，并沿外侧设置间距不大于 2 m 的条形连接件(图 4.47)。

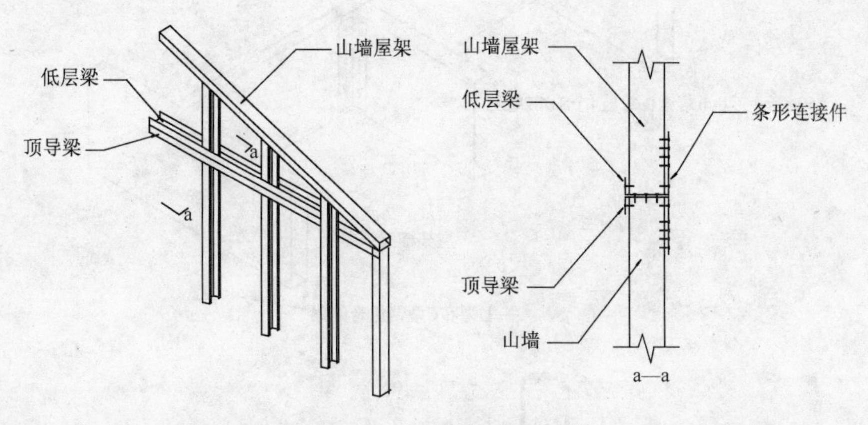

图 4.47　桁架与山墙连接

4.3.3　屋面或天花板开洞要求

屋面(或天花板)的洞口采用组合截面纵梁和横梁作为外框(图 4.48，图 4.49)，组合截面的 C 型和 U 型钢截面尺寸与屋架上弦杆(下弦杆)相同，洞口横梁跨度不应大于 1.2 m。洞口横梁与纵梁的连接采用 4 个 50 mm×50 mm.角钢，角钢的厚度不应小于屋架上弦杆或下弦杆的厚度，角钢连接每肢采用 4 个均匀排列的 ST4.2 螺钉。

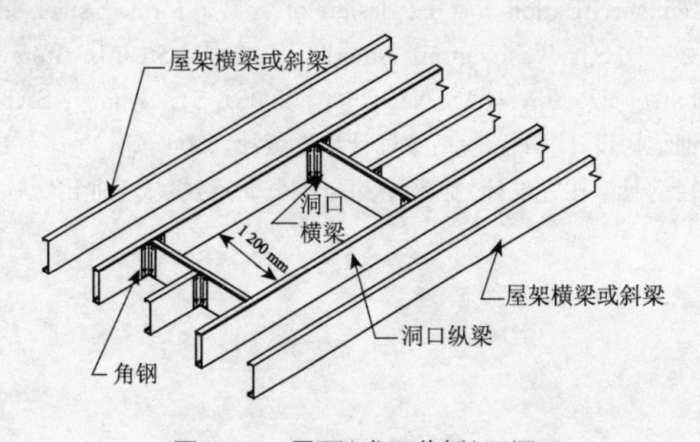

图 4.48　屋面(或天花板)开洞

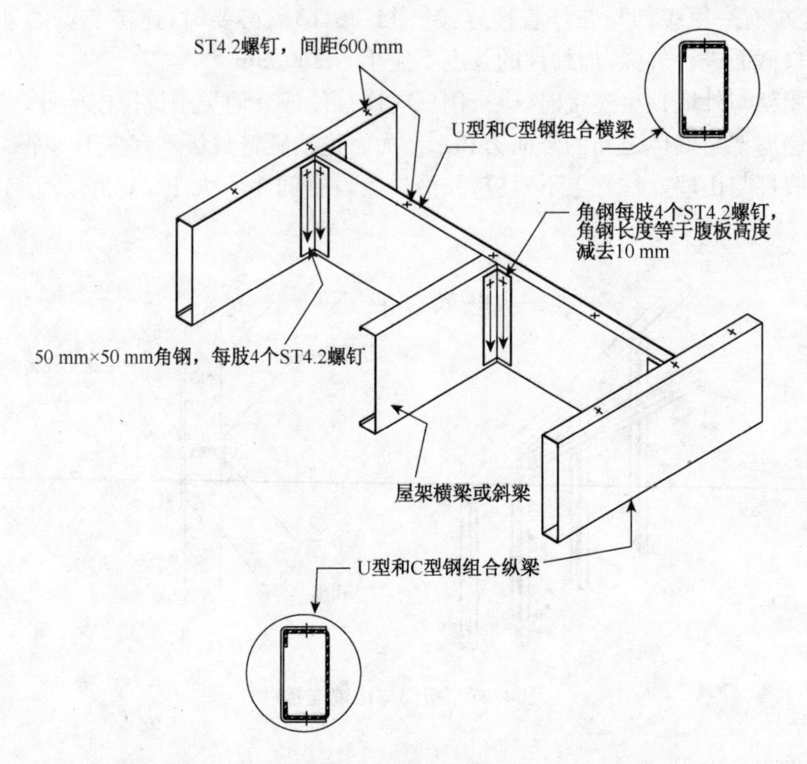

图 4.49　洞口横梁与屋架上弦杆(或下弦杆)连接

本章参考文献

[1] 低层冷弯薄壁型钢房屋建筑技术规程(JGJ 227—2011)[S]. 北京:中国建筑工业出版社,2011

[2] North American specification for the design of cold－formed steel structural members (AISI S100—2007)[S]. Washington：American Iron and Steel Institute，2007

[3] Cold－formed steel structures (AS/NZS 4600—2005)[S]. Sydney：SAI global，2005

[4] 徐益华. 轻型钢结构设计[M]. 北京:中国计划出版社,2006

[5] 丁成章. 低层轻钢骨架住宅设计、制造与装配[M]. 北京:机械工业出版社,2003

第五章
冷弯薄壁型钢房屋施工与验收

5.1　冷弯薄壁型钢房屋制作与安装

关于冷弯薄壁型钢房屋的制作与安装，本节未介绍部分，应符合《冷弯薄壁型钢结构技术规范》(GB 50018)的规定。此外，还可参考制造商的产品说明以及其他技术文件。

5.1.1　基础

(1) 冷弯薄壁型钢住宅结构体系一般采用条形基础，局部可采用柱下独立基础。

(2) 基础底面应有素混凝土垫层，基础中钢筋的混凝土保护层厚度一般不应小于 40 mm，有地下水时宜适当增加混凝土保护层厚度。

(3) 基础的设计计算与一般构造应符合现行国家标准《建筑地基基础设计规范》(GB 50007)的相关规定。

5.1.2　构件制作、运输与存储

(1) 冷弯薄壁型钢构件必须按施工图制作，当需要修改设计时必须取得设计单位同意，并签署设计变更文件。

(2) 构件制作前应编制加工工艺文件，制定合理的工艺流程并建立质量保证体系。

(3) 构件所用钢材、连接材料和涂装材料应具有质量合格证书，并符合设计文件的要求和国家现行有关标准的规定。进口材料通过商检后，尚应按国家有关规定进行复检。首次采用新工艺、新设备制作的构件，如构件截面尺寸、孔洞位置、偏差等必须按要求检验。

(4) 冷弯薄壁型钢的冷弯和矫正加工环境温度不得低于－10℃。

(5) 冷弯薄壁型钢构件的切割应保证切割部位正确、切口整齐，切割前应对切割区域表面的铁锈、污物清除干净，切割后应清除毛刺等。施工现场不宜大量切割

构件，且不得采用引起钢材急剧发热和损坏镀层的方法切割。

(6) 成品构件因碰伤、挤压导致构件变形、表面划伤严重时应对损伤部分做更换处理。经过外形矫正等返修处理后的构件应重做检验，不可修复的构件应视为不合格。

(7) 钢构件、墙板、屋面板及楼面板的标志可采用压痕、喷(涂)印、盖印、挂标牌等方式，标志应清晰、明显、不易涂改。材料进场时，应有专人验收，生产企业应提供产品合格证和质量检验报告，板材不应出现翘曲、裂缝、掉角等外观缺陷，尺寸偏差应符合设计要求。

(8) 构件拼装宜在专用平台上进行，在拼装前应对平台的平整度、角度、垂直度进行检测，要求平台能够使构件的形心线在同一水平面上，其误差不大于3 mm；拼装完成的单元应保证整体平整度、垂直度在允许偏差范围以内。在下列情况下，应在工厂预拼装冷弯薄壁型钢构件：(a) 大批量小区开发项目；(b) 特别复杂项目；(c) 厂家生产制作没有经验的项目；(d) 厂家认为有必要或者业主要求的项目。

(9) 构件的允许偏差应符合下列要求：

① 冷弯薄壁型钢长度切割允许偏差为±1.5 mm；

② 构件截面厚度偏差允许为+0.02 mm/－0.00 mm；

③ 竖向冷弯薄壁型钢沿墙面平整度允许为±5 mm；

④ 冷弯薄壁型钢纵向弯曲偏差允许为±2 mm；

⑤ 自攻螺钉位置偏差允许为±3 mm；

⑥ 刚性填充、隔热材料、平整度偏差允许为±5 mm；

⑦ 构件端部与顶梁、底梁和边梁腹板之间的间隙不大于3 mm。

(10) 构件包装应符合运输部门的有关规定。大型组装单元一般不包装而使用专用集运架。小构件需要包装时，不同种类、不同规格的产品应分类包装，包装内应包括产品清单及相关文件和标识。需要包装的小构件应成捆包装，长度小于4 m时应捆两道；长度大于4 m时，每增加2 m加捆一道；面板应根据所选材料不同，按照生产厂家及国家有关规程要求进行包装。

(11) 构件的运输、卸车应符合下列规定：

① 根据建设工地现场条件及施工工期要求选择运输方式，宜采用集装箱运输，也可采用汽车或铁路运输；

② 冷弯薄壁型钢构件在运输时宜在下部用方木垫起，卸车时应防止损坏；

③ 构件的放置、搬运、组拼和安装应由有经验技术人员负责，应尽可能减少材料在现场的搬运次数。重心高的构件立放时，应设置临时支撑，并绑扎牢固；

④ 运输及装卸过程中应采取防雨、防污染、防构件变形和损坏的措施。

(12) 所有冷弯薄壁型钢构件宜在仓库内贮存,并采取防潮措施;在室外存放时,必须有严格防雨和防潮措施。构件存放时应集中水平存放,应有采取防止变形、碰撞或损伤的措施。屋面板、楼面板、墙板应根据生产厂家的要求贮存堆放,不能产生塑性变形、损坏及变色。

5.1.3　构件安装

1. 一般要求

(1) 冷弯薄壁型钢构件的安装应严格按照设计图纸,并根据施工组织设计进行。安装程序必须保证结构形成稳定的空间体系,并不导致结构永久变形。

(2) 构件安装的允许偏差应符合下列要求:

① 结构构件的形心线宜交汇于节点中心,两者误差不大于 3 mm,屋架的腹杆之间的偏心不大于 25 mm;

② 杆件应防止弯曲,拼装时其表面中心线的偏差不得大于 3 mm;

③ 杆件搭接时缝的错位不得大于 1.0 mm;

④ 构件之间连接孔中心线位置的误差不得大于 2 mm。

(3) 冷弯薄壁型钢结构安装过程中应采取措施避免撞击。受撞击变形的杆件应校正到位。用于连接建筑墙板与冷弯薄壁型钢构件的螺钉,其头部应沉入墙板 0～1 mm,且螺钉周边板材应无破损。

(4) 抗拔锚栓、连接锚栓应采用可靠方法定位。在混凝土灌注前和灌注后,以及钢结构安装前,均应校对锚栓的空间位置,确保基础顶面的平面尺寸和标高符合设计要求。

(5) 低层住宅冷弯薄壁型钢结构基础工程以上结构的施工顺序一般为:底层楼面结构(地面),底层墙架安装,二层楼面结构,二层墙架安装,屋架安装,结构板材安装。

(6) 结构吊装时应采取适当措施,防止产生永久性变形,并应垫好绳扣与构件的接触部位;不得利用已安装好的构件起吊其他重物。

2. 紧固件和螺栓安装要求

(1) 不等厚的构件连接时,螺钉应从较薄的构件穿入较厚的构件。

(2) 螺钉的长度宜超出构件厚度 9～13 mm,或拧紧后至少要外露出 3 个螺距。

(3) 钢构件连接时,钻具应以每分 2 500 转的低速驱动螺钉。

(4) 螺栓连接时,螺孔孔径比螺栓直径大 1～2 mm,螺母和连接件之间要加垫圈。

(5) 经设计同意用焊接替代螺栓连接时,焊接构件都应清除污渍并涂好防

腐层。

3. 楼面梁安装要求

(1) 在永久支撑安装好之前,要提供临时构件来支撑楼盖。

(2) 临时支撑与主梁连接位置宜设置加劲件,加劲件允许安装在主梁腹板的任一侧。

(3) 在临时支撑安装之前,楼面主梁不能承受荷载作用。

(4) 施工材料不能堆放在没有完全固定的楼面梁上。施工材料堆放在安装好的楼面上时应均匀堆放,不得超出楼面的承载能力。

(5) 楼盖系统没有安装好之前,钢主梁不应单独承受人群或其他荷载。

(6) 在使用活荷载作用下,楼面不得产生明显的振动。

4. 墙体安装要求

(1) 在永久支撑安装好之前,要提供临时构件来支撑墙体。

(2) 所有承重柱都必须与顶(底)梁连接。

(3) 当门槛、窗台或其他部件直接与混凝土连接时,其墙的下部应密封。

5. 屋架安装要求

(1) 应按屋架设计图设置支撑,并注意支撑安装之前屋架的稳定性。

(2) 在永久支撑或屋面板没有安装之前屋架不得堆放荷载。

(3) 施工材料和暖通空调机组等荷载不得堆放在没有完全固定的屋架上。机械设备应布置在楼板、承重构件或经特殊设计用于承担此类荷载的屋架上。

(4) 未经设计单位及屋架制作单位的同意,不得随意对屋架结构作修改,包括切割、钻孔,或更换屋架构件的位置。

5.1.4 设备安装

低层冷弯薄壁型钢结构住宅设备系统的设计应相对集中,布置紧凑,合理利用空间。设备安装应符合现行国家标准《建筑给水排水设计规范》(GB 50015)、《采暖通风与空气调节设计规范》(GB 50019)、《供配电系统设计规范》(GB 50052)、《建筑给水排水及采暖工程施工质量验收规范》(GB 50242)、《通风与空调工程施工质量验收规范》(GB 50243)、《建筑电气工程施工质量验收规范》(GB 50303)和其他相关标准的规定。

1. 水管安装要求

(1) 水管管道宜布置在结构内部(图 5.1)且布置在钢构件里的水管应由钢支架固定。当钢支架厚度为 0.46~0.69 mm 时,采用的固定螺钉规格为 ST3.5;当钢支架厚度大于 0.69 mm 时,固定螺钉规格为 ST4.2。

(2) 采用铜水管时,为防止铜的腐蚀,在铜管穿过钢构件的地方应装塑料套管与钢柱隔开；当铜管平行于钢构件时，可用绝缘材料包裹铜管以分开铜管和钢构件（图 5.1，图 5.2）。

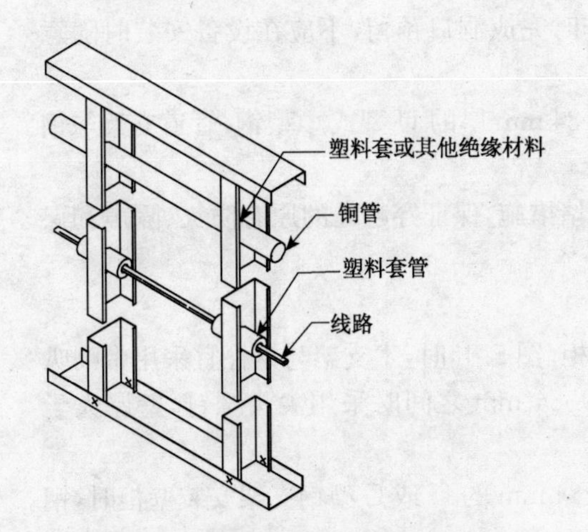

图 5.1　管道和配线穿过钢构件图

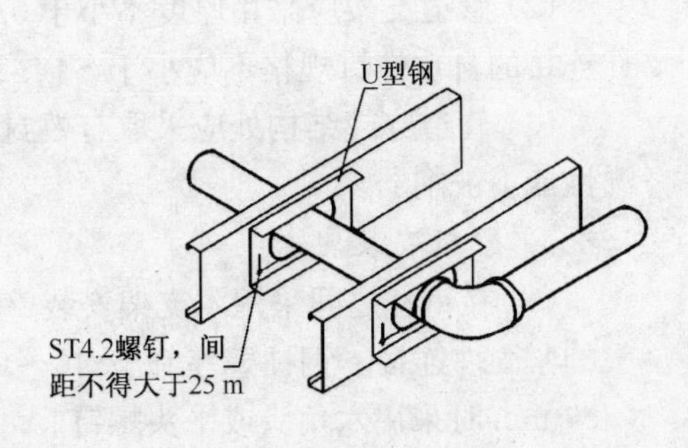

图 5.2　排水管道或空调穿过钢构件

2. 电气配线系统安装要求

（1）电线宜布置在结构内部，当电线穿过钢构件时，应采用塑料绝缘材料或套管保护电线的绝缘层不受损伤（图 5.1）。

（2）电控箱应通过钢支架与钢柱固定（图 5.3）。当钢柱壁厚 0.46～0.69 mm 时，采用的固定螺钉规格为 ST3.5；当钢柱壁厚大于 0.69 mm 时，固定螺钉规格为 ST4.2 螺钉。

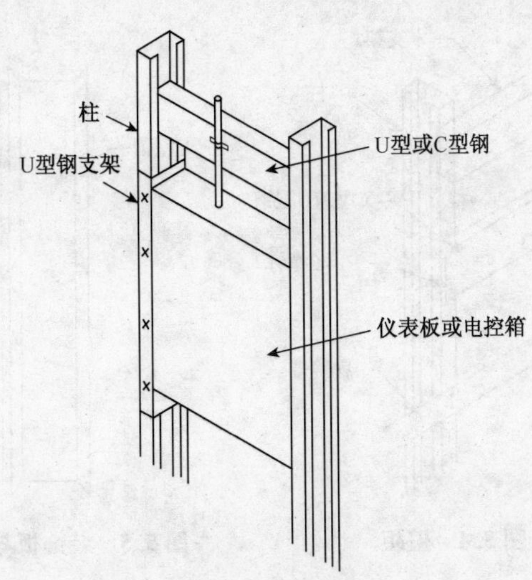

图 5.3　仪表板或电控箱

3. 暖通空调系统和管道安装要求

(1) 暖通空调系统管道宜布置在结构内部，参见图5.2，阀门和接口处应安装牢靠不得漏水。结构构件应在加工制作时完成洞口预留，不应在设备安装时随意切割或现场开孔。

(2) 管道支架应采用厚度不小于0.84 mm厚的U型或C型钢，管道支架与钢柱连接的自攻螺钉规格不应小于ST4.2。

(3) 管道穿越结构处应采取有效封堵措施，保证穿越处的原有防火、隔声和保温性能不被削弱。

4. 壁柜安装要求

(1) 在钢柱之间采用木支架安装壁柜(图5.4)时，木支架与钢柱宜采用带喇叭头的紧固件连接。钢柱壁厚在0.46～0.84 mm之间时采用尖头螺钉，壁厚大于0.84 mm时采用六角头或平头螺钉。

(2) 在钢柱之间采用厚度不小于0.84 mm的U或C型钢支架安装壁柜时，钢支架与柱用2个螺钉连接。

(3) 壁柜墙板与钢柱的连接采用规格为ST3.5喇叭头自攻螺钉。

(4) 内装饰板和其他装饰附件与钢柱的连接可采用以下任一方法：建筑胶黏接；采用建筑胶黏接后，用一对装饰钉交叉钉入装饰板，使其固定在U型钢上(图5.5)；采用自攻螺钉固定；在轻钢构件上预置50 mm×100 mm木垫块，以便用装饰钉固定装饰附件。

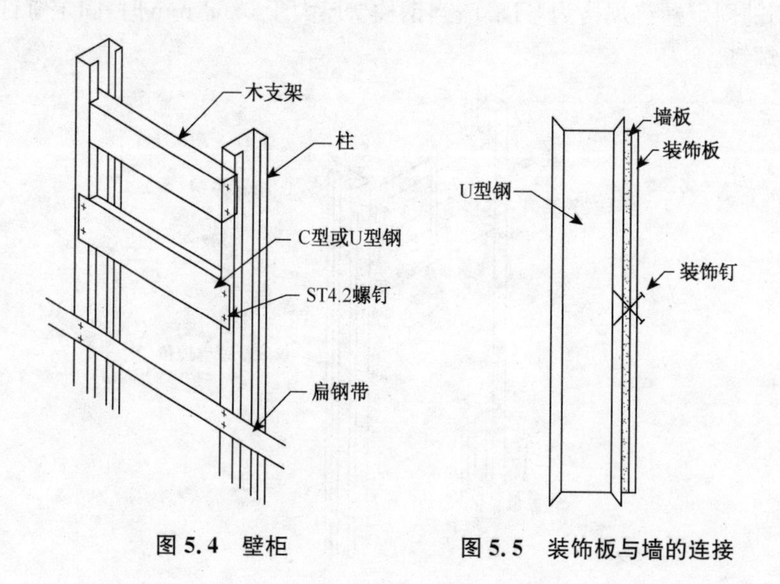

图5.4　壁柜　　　图5.5　装饰板与墙的连接

5.2　冷弯薄壁型钢房屋防腐与防潮

5.2.1　防腐蚀

冷弯薄壁型钢结构必须采取有效的防腐蚀措施，构造上应考虑便于检查、清刷、油漆及避免积水，闭口截面构件沿全长和端部均应焊接封闭。

冷弯薄壁型钢结构应按照设计要求进行表面处理，除锈方法和除锈等级应符合现行国家标准《涂装前钢材表面锈蚀等级和除锈等级》(GB 8923)的规定。采用化学除锈方法时，应选用具备除锈、磷化、钝化两个以上功能的处理液，其质量应符合现行国家标准《多功能钢铁表面处理液通用技术条件》(GB/T 12612)的规定。

冷弯薄壁型钢结构及其连接件应根据其使用条件和所处环境，选择相应的表面处理方式和防腐措施。对冷弯薄壁型钢结构的侵蚀作用分类可参见表 5.1。

表 5.1　外界条件对冷弯薄壁型钢结构的侵蚀作用分类

序号	地区	相对湿度(%)	对结构的侵蚀作用分类		
			室内(采暖房屋)	室内(非采暖房屋)	露天
1	农村、一般城市的商业区及住宅区	干燥，<60	无侵蚀性	无侵蚀性	弱侵蚀性
2		普通，60～70	无侵蚀性	弱侵蚀性	中等侵蚀性
3		潮湿，>75	弱侵蚀性	弱侵蚀性	中等侵蚀性
4	工业区、沿海地区	干燥，<60	弱侵蚀性	中等侵蚀性	中等侵蚀性
5		普通，60～70	弱侵蚀性	中等侵蚀性	中等侵蚀性
6		潮湿，>75	中等侵蚀性	中等侵蚀性	中等侵蚀性

注：1. 表中的相对湿度系指当地的年平均相对湿度，对于恒温恒湿或有相对湿度指标的建筑物，则按室内相对湿度采用。

2. 一般城市的商业区及住宅区泛指无侵蚀性介质的地区，工业区是包括受侵蚀介质影响及散发轻微侵蚀性介质的地区。

冷弯薄壁型钢结构应根据具体情况选用下列相应的防腐措施：

1. 金属保护层(表面合金化镀锌、镀铝锌)

对于农村、一般城市的商业区及住宅区，结构用冷弯薄壁型钢构件镀层的镀锌量不应低于 180 g/m^2(双面)或镀铝锌量不应低于 100 g/m^2(双面)；对于工业区及沿海地区或特殊建筑物，结构用冷弯薄壁型钢构件镀层的镀锌量不应低于

275 g/m²(双面)或镀铝锌量不应低于100 g/m²(双面),并应满足现行国家或行业标准。

2. 防腐涂料

无侵蚀或弱侵蚀性条件下,可采用油性漆、酚醛漆或醇酸漆;中等侵蚀性条件下,宜采用环氧漆、环氧酯漆、过氯乙烯漆、氯化橡胶漆或氯醋漆;防腐涂料底漆和面漆应相互配套。

3. 复合保护

用镀锌钢板制作的构件,涂装前应进行除油、磷化、钝化处理(或除油后涂磷化底漆);表面合金化镀锌钢板、镀锌钢板(如压型钢板、瓦楞铁等)的表面不宜涂红丹防锈漆,宜涂H06-2锌黄环氧酯漆或其他专用涂料进行防护。

冷弯薄壁型钢采用的涂装材料,应具有出厂质量证明书,并应符合设计要求。涂覆方法除设计规定外,可采用手刷或机械喷涂。涂料、涂装遍数、涂层厚度均应符合设计要求。当设计对涂装无明确规定时,一般宜涂4~5遍,干膜总厚度室外构件应大于150 μm,室内构件应大于120 μm,允许偏差为±25 μm。涂装时的环境温度和相对湿度应符合涂料产品说明书的要求,当产品说明书无要求时,环境温度宜在5~38℃之间,相对湿度不应大于85%,构件表面有结露时不得涂装,涂装后4 h内不得淋雨。冷弯薄壁型钢结构构件严禁进行热切割。

冷弯薄壁型钢结构的防腐处理应符合下列要求:

(1) 钢材表面处理后6 h内应及时涂刷防腐涂料,以免再度生锈。

(2) 施工图中注明不涂装的部位不得涂装,安装焊缝处应留出30~50 mm暂不涂装。

(3) 冷弯薄壁型钢结构安装就位后,应对在运输、吊装过程中漆膜脱落部位以及安装焊缝两侧未涂油漆部位补涂油漆,使之不低于相邻部位的防护等级。

(4) 冷弯薄壁型钢结构外包、埋入混凝土的部位可不做涂装。

(5) 金属管线与冷弯薄壁型钢构件之间应放置橡胶垫圈,避免两者直接接触,发生电化学腐蚀。墙体与混凝土基础之间应放置防腐防潮垫,一方面为防止基础中的湿气腐蚀钢构件,另一方面避免钢构件与基础材料相接触导致化学物质对钢材的腐蚀。

(6) 冷弯薄壁型钢构件在露天环境中放置时,应避免由于雨雪、暴晒、冰雹等气候环境对构件及其表面镀层造成腐蚀。易淋雨或积水的构件且不易再次油漆维护的部位,应采取措施密封。

(7) 当构件表面镀层出现局部破坏时,应进行防腐处理。

冷弯薄壁型钢结构在使用期间应定期进行检查与维护。维护年限可根据结构的使用条件、表面处理方法、涂料品种及漆膜厚度分别按本节表5.2采用。冷弯薄

壁型钢结构重新涂装的质量应符合现行国家标准《钢结构工程施工质量验收规范》(GB 50205)的规定。

表 5.2　常用防腐涂料底、面漆配套及维护年限

<table>
<tr><th colspan="2" rowspan="2">侵蚀作用类别</th><th rowspan="2">表面处理</th><th rowspan="2">涂料类别</th><th colspan="2">底面漆配套涂料</th><th rowspan="2">维护年限(年)</th></tr>
<tr><th>底漆</th><th>面漆</th></tr>
<tr><td rowspan="2">室内</td><td>无侵蚀性</td><td rowspan="3">喷砂(丸)除锈,酸洗除锈,手工或半机械化除锈</td><td rowspan="3">第一类</td><td rowspan="3">Y53-31 红丹油性防锈漆
Y53-32 铁红油性防锈漆
F53-31 红丹酚醛防锈漆
F53-33 铁红酚醛防锈漆
C53-31 红丹醇酸防锈漆
C06-1 铁红醇酸底漆
F53-40 云铁醇酸防锈漆</td><td rowspan="3">C04-2 各色醇酸磁漆
C04-45 灰醇酸磁漆
C04-5 灰云铁醇酸磁漆</td><td>15～20</td></tr>
<tr><td>弱侵蚀性</td><td>10～15</td></tr>
<tr><td>室外</td><td>弱侵蚀性</td><td>8～10</td></tr>
<tr><td>室内</td><td rowspan="3">中等侵蚀性</td><td rowspan="3">酸洗磷化处理、喷砂(丸)除锈</td><td rowspan="3">第二类</td><td rowspan="2">H06-2 铁红环氧树脂底漆
铁红环氧化改性 M 树脂底漆
H53-30 云铁环氧树脂底漆</td><td rowspan="2">灰醇酸改性过氯乙烯磁漆
醇酸改性氯化橡胶磁漆
醇酸改性氯醋磁漆
聚氨酯改性氯醋磁漆</td><td>10～15</td></tr>
<tr><td rowspan="2">室外</td><td>5～7</td></tr>
<tr><td>氯磺化聚乙烯防腐底漆</td><td>氯磺化聚乙烯防腐面漆</td><td>5～7</td></tr>
</table>

注:1. 表中所列第一类或第二类中任何一种底漆(氯磺化聚乙烯防腐底漆除外)可和同一类别中的任一种面漆配套使用。
2. 底漆与面漆均涂 2 道,膜厚 60 μm。

5.2.2　防潮

外墙及屋顶的外覆材料应符合现行国家或行业标准规定的耐久性、适用性以及防火性能的要求。在外覆材料内侧,结构覆面板材外侧,应设置防潮层,其物理性能、防水性能和水蒸气渗透性能应符合设计要求。施工时应确保保温材料、防潮层和隔汽层的连续性、密闭性、整体性。

门窗洞口周边、穿出墙或屋面的构件周边应以专用泛水材料密封处理,泛水材料可采用自黏性防水卷材或金属板材等。建筑围护结构设计应防止不良水汽凝结的发生。严寒和寒冷地区建筑的外墙、外挑楼板及屋顶如果不采取通风措施,宜在保温材料(冬季)温度较高一侧设置一层隔汽层。

屋顶保温材料与屋面结构板材间的屋顶空气间宜采用通风设计,并应确保屋顶空气间层中空气流动通道的通畅。在屋顶通风口处应设置防止白蚁等有害昆虫进入屋顶通风间层的保护网。室内的排气管道宜通至室外,不宜将室内气体排入屋顶通风间层内。

5.3 冷弯薄壁型钢房屋验收标准

低层冷弯薄壁型钢房屋住宅工程施工质量验收应在施工总承包单位自检合格的基础上，由施工总承包单位向建设单位提交工程竣工报告，申请工程竣工验收。工程竣工报告须经总监理工程师签署意见。其中，竣工验收应由建设单位组织实施，勘察单位、设计单位、监理单位、施工单位应共同参与。

低层冷弯薄壁型钢房屋住宅工程施工质量验收应符合现行国家标准《建筑工程施工质量验收统一标准》(GB 50300)、《钢结构工程施工质量验收规范》(GB 50205)、《建筑节能工程施工质量验收规范》(GB 50411)、《住宅轻钢装配式构件》(JG/T 182)和其他相关专业验收规范的规定。

(1) 冷弯薄壁型钢构件的加工应按设计要求控制尺寸，其允许偏差应符合表 5.3 的规定。

检查数量：按钢构件数抽查 10%，且不应少于 3 件。

检验方法：游标卡尺、钢尺和角尺、半圆塞规检查。

表 5.3 冷弯薄壁型钢构件加工允许偏差

检查项目		允许偏差(mm)
构件长度		−3～0
截面尺寸	腹板高度	±1
	翼缘宽度	±1
	卷边高度	±1.5
翼缘与腹板和卷边之间的夹角		±1

(2) 冷弯薄壁型钢墙体外形尺寸、立柱间距、门窗洞口位置及其他构件位置应符合设计要求，其允许偏差应符合表 5.4 的规定。

检查数量：按同类构件数抽查 10%，且不应少于 3 件。

检验方法：钢尺和靠尺检查。

表 5.4 冷弯薄壁型钢墙体组装允许偏差

检查项目	允许偏差(mm)	检查项目	允许偏差(mm)
长度	−5～0	墙体立柱间距	±3
高度	±2	洞口位置	±2
对角线	±3	其他构件位置	±3
平整度	$\frac{h}{3\,000}$		

(3) 冷弯薄壁型钢屋架外形尺寸的允许偏差应符合表 5.5 的规定。

检查数量:按同类构件数抽查 10%,且不应少于 3 件。

检验方法:钢尺和角尺检查。

表 5.5 冷弯薄壁型钢屋架组装允许偏差

检查项目	允许偏差(mm)	检查项目	允许偏差(mm)
屋架长度	−5～0	跨中拱度	0～+6
支撑点距离	±3	相邻节间距离	±3
跨中高度	±6	弦杆间夹角	±2
端部高度	±3		

(4) 冷弯薄壁型钢主体结构的整体垂直度和整体平面弯曲的允许偏差应符合表 5.6 的规定。

检查数量:对主要立面全部检查。对每个所检查的立面,除两端外,尚应选取中间部位进行检查。

检验方法:采用吊线、经纬仪等测量。

表 5.6 冷弯薄壁型钢结构主体结构整体垂直度和整体平面弯曲允许偏差

项目	允许偏差(mm)	图例
主体结构的整体垂直度	$\frac{H}{1\,000}$,且不应大于 10	Δ, H
主体结构的整体平面弯曲	$\frac{H}{1\,500}$,且不应大于 10	Δ, L

注:H 为冷弯薄壁型钢结构檐口高度,L 为冷弯薄壁型钢结构平面长度或宽度。

(5) 屋架、梁的垂直度和侧向弯曲矢高的允许偏差应符合表 5.7 的规定。

检查数量:按同类构件数抽查 10%,且不应少于 3 个。

检验方法：采用吊线、经纬仪和钢尺现场实测。

表 5.7　屋架、梁的垂直度和侧向弯曲矢高允许偏差

项目	允许偏差(mm)	图例
垂直度	$\frac{h}{250}$，且不应大于 15	1 1 Δ h 1—1
侧向弯曲矢高	$\frac{l}{1\,000}$，且不应大于 10	f l

注：h 为屋架跨中高度，l 为构件跨度或长度。

(6) 结构板材安装的接缝宽度应为 5 mm，允许偏差应符合表 5.8 的规定。

检查数量：对主要立面全部检查，且每个立面不应少于 3 处。

检验方法：采用钢尺和靠尺现场实测。

表 5.8　屋架、梁的垂直度和侧向弯曲矢高允许偏差

项　目	允许偏差(mm)
结构板材之间接缝宽度	±2
相邻结构板材之间的高差	±3
结构板材平整度	±8

本章参考文献

[1] 冷弯薄壁型钢结构技术规范(GB 50018—2002)[S]. 北京：中国建筑工业出版社，2002

[2] 建筑地基基础设计规范(GB 50007—2011)[S]. 北京：中国建筑工业出版社，2011

[3] 建筑给水排水设计规范(GB 50015—2003)[S]. 北京：中国建筑工业出版社，2003

[4] 采暖通风与空气调节设计规范(GB 50019—2003)[S]. 北京：中国建筑工业出版社，2003

[5] 供配电系统设计规范(GB 50052—2009)[S]. 北京：中国建筑工业出版社，2009

[6] 建筑给水排水及采暖工程施工质量验收规范(GB 50242—2002)[S]. 北京：中国建筑工业出版社，2002

[7] 通风与空调工程施工质量验收规范(GB 50243—2002)[S]. 北京：中国建筑工业出版社，2002

[8] 建筑电气工程施工质量验收规范(GB 50303—2002)[S]. 北京:中国建筑工业出版社,2002
[9] 涂装前钢材表面锈蚀等级和除锈等级(GB/T 8923.1—2011)[S]. 北京:中国建筑工业出版社,2011
[10] 多功能钢铁表面处理液通用技术条件(GB/T 12612—2005)[S]. 北京:中国建筑工业出版社,2005
[11] 建筑工程施工质量验收统一标准(GB 50300—2001)[S]. 北京:中国建筑工业出版社,2001
[12] 钢结构工程施工质量验收规范(GB 50205—2001)[S]. 北京:中国建筑工业出版社,2001
[13] 建筑节能工程施工质量验收规范(GB 50411—2007)[S]. 北京:中国建筑工业出版社,2007
[14] 低层冷弯薄壁型钢房屋建筑技术规程(JGJ 227—2011)[S]. 北京:中国建筑工业出版社,2011
[15] 轻型钢结构住宅技术规程(JGJ 209—2010)[S]. 北京:中国建筑工业出版社,2010
[16] 住宅轻钢装配式构件(JG/T 182—2008)[S]. 南京:凤凰出版社,2008

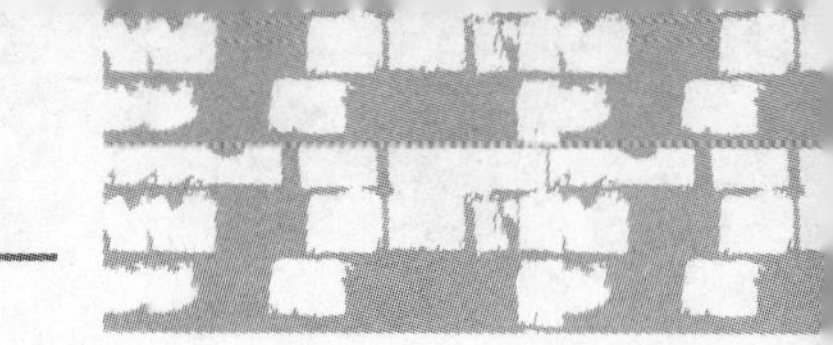

第六章 村镇冷弯薄壁型钢房屋设计实例

6.1 工程概况

某三层冷弯薄壁型钢结构住宅，长 12 m，宽 10 m，层高 3 m。七度设防，Ⅱ类场地，设计地震分组一组。各层建筑平面图如图 6.1～图 6.4 所示，结构平面以及梁柱布置如图 6.5～图 6.7 所示，梁柱间距一般为 600 mm。承重墙体立柱选用 C140 型龙骨，截面尺寸 140 mm×50 mm×13 mm×1 mm(腹板×翼缘×卷边×厚度)，立柱导轨选用 U140 型龙骨，截面尺寸 140 mm×50 mm×1 mm(腹板×翼缘×厚度)，支承屋架处的墙柱选用背靠背双拼 C140 型龙骨立柱(图 6.5～图 6.7 中 Z2 柱)，拐角部位的墙柱则采用图 6.8 所示拼合截面形式。楼盖托梁(图 6.5～图 6.7 中 L1～L3、L5、L6、L8)选用 C240 型龙骨，截面尺寸 240 mm×70 mm×13 mm×1.8 mm，楼盖托梁导轨选用 U240 型龙骨，截面尺寸 240 mm×70 mm×1.8 mm。各楼层托梁 L4、L7 及 L9(图 6.5～图 6.7)由于分担较大面积的楼面荷载，采用背靠背双拼 C240 型拼合截面梁。屋盖及檩条布置如图 6.9 所示，屋架弦杆、腹板选用 C140 型龙骨，截面尺寸 140 mm×50 mm×13 mm×1.2 mm；檩条亦选用 C140 型龙骨，截面尺寸 140 mm×50 mm×13 mm×1.0 mm。上述冷成型钢龙骨骨架主要承重构件截面尺寸亦可参见表 6.1。楼面结构板采用75 mm厚蒸压加气混凝土板并上浇注 25 mm 厚自密实混凝土。屋面结构板采用18 mm厚 OSB 板，防水处理后，上挂彩钢板波形瓦。内墙选用双面布置的 12 mm 厚石膏板，外墙选用双面布置的12 mm厚 OSB 板，外墙外侧进行 3 mm 聚合砂浆防水处理，并外挂 PVC 板材。

墙体、楼盖及屋盖系统详细构造见本手册第四章。

表 6.1　冷弯薄壁型钢龙骨骨架主要承重构件截面尺寸

(单位：mm)

构件编号	类型	腹板	翼缘	卷边	厚度
L1 - L3、L5、L6、L8	单 C240	240	70	13	1.8
L4、L7、L9	双拼 C240	240	70	13	1.8
Z1	单 C140	140	50	13	1.0

（续表）

构件编号	类型	腹板	翼缘	卷边	厚度
Z2	双拼 C140	140	50	13	1.0
Z3	多拼 C140	140	50	13	1.0
Z4	多拼 C140	140	50	13	1.0
WJ1～WJ3	单 C140	140	50	13	1.2
LT1～LT17	单 C140	140	50	13	1.2

注：1. L 指托梁、Z 指立柱、WJ 指屋架、LT 指檩条。

2. 各构件编号、位置及长度见图 6.5～图 6.7 及图 6.9。

3. Z3、Z4 拼合截面形式见图 6.8。

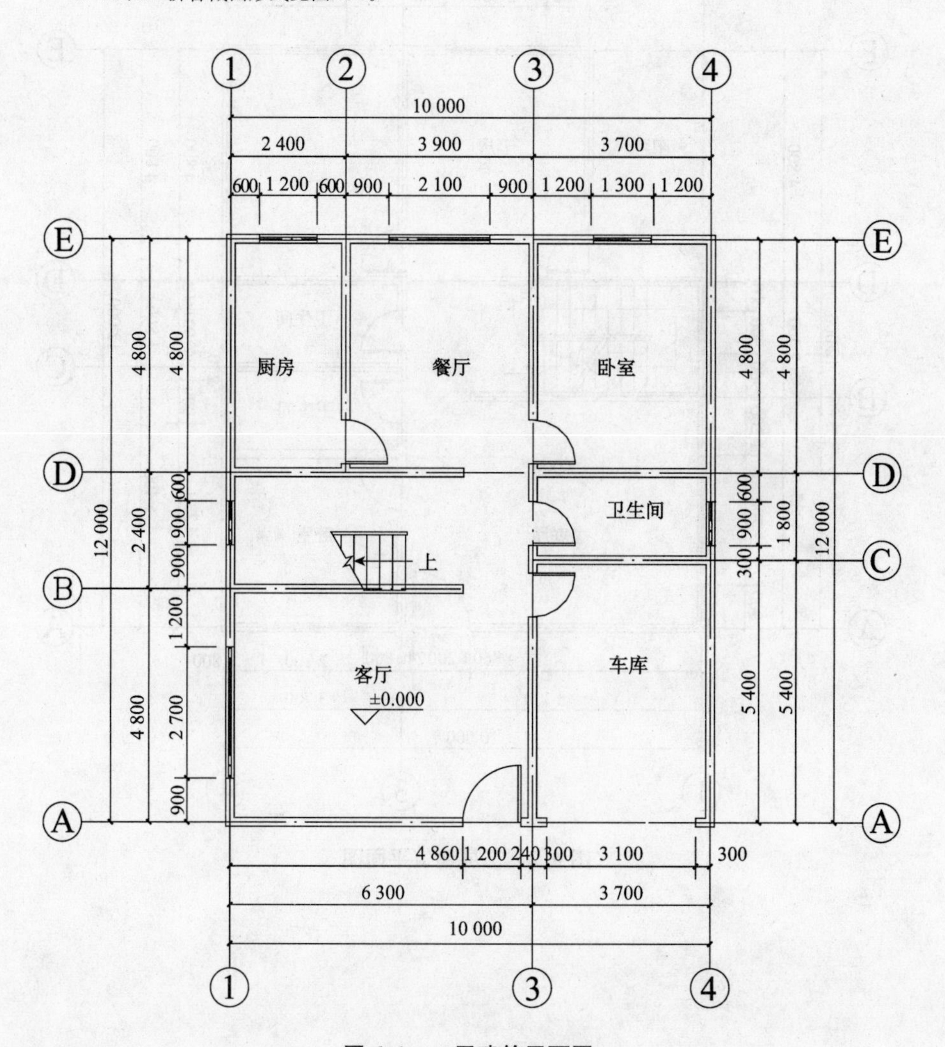

图 6.1　一层建筑平面图

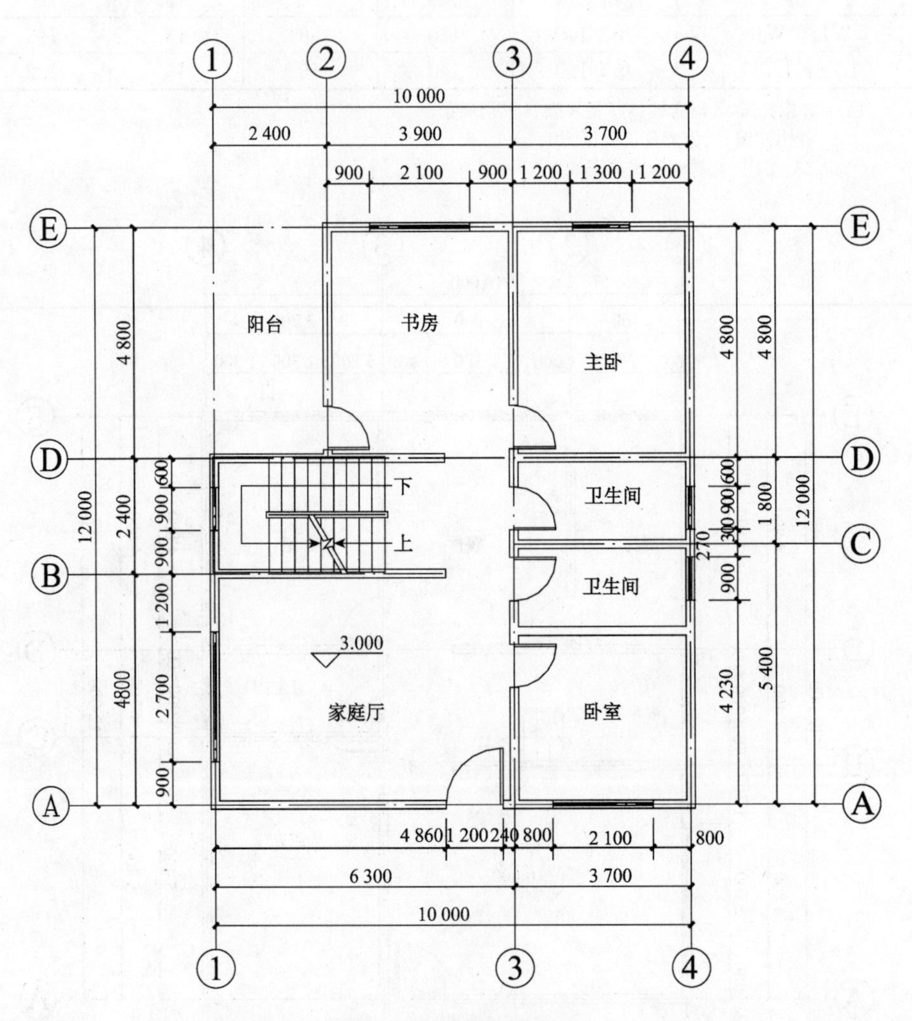

1
2
3
4
10 000
2 400
3 900
3 700
900
2 100
900
1 200
1 300
1 200
E
D
B
A
C
阳台
书房
主卧
下
上
卫生间
卫生间
3.000
家庭厅
卧室
4 800
12 000
2 400
600
900
900
900
1 200
4800
2 700
900
600
900
300
900
270
1 800
12 000
5 400
4 230
4 860
1 200
240
800
2 100
800
6 300
3 700
10 000

图 6.2　二层建筑平面图

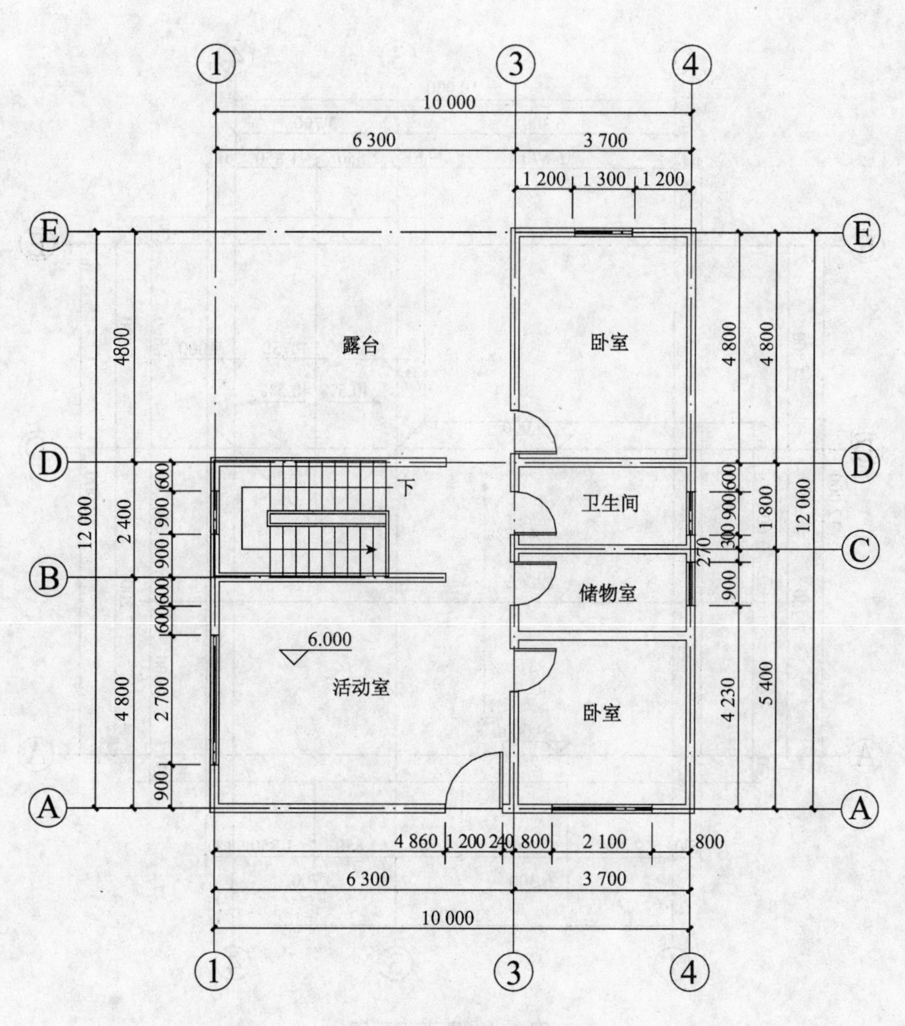
1
3
4
10 000
6 300
3 700
1 200
1 300
1 200
E
D
B
A
C
露台
卧室
卫生间
储物室
活动室
卧室
下
6.000
4800
2 400
12 000
4 800
2 700
900
600
4 800
1 800
12 000
4 230
5 400
4 860
1 200
240
800
2 100
800

图 6.3　三层建筑平面图

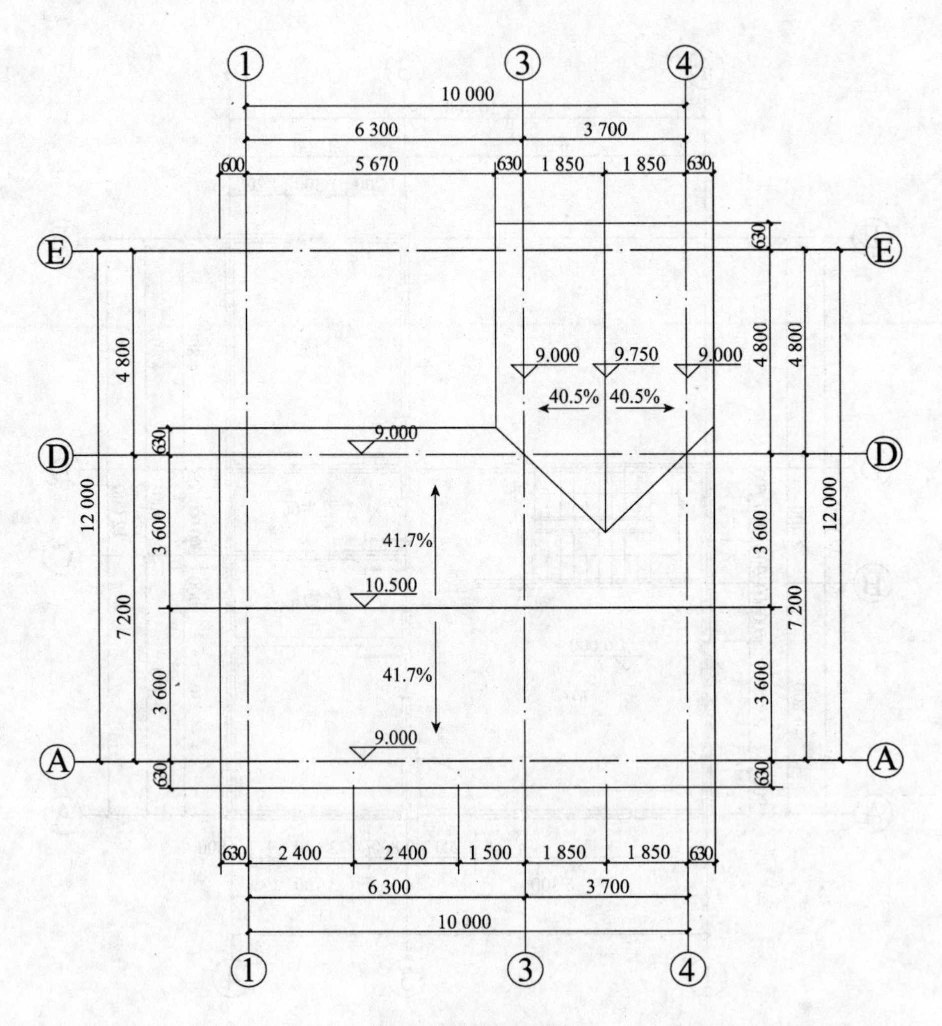

①
③
④
10 000
6 300
3 700
600
5 670
630
1 850
1 850
630
E
D
A
630
4 800
12 000
3 600
7 200
3 600
630
630
9.000
9.750
9.000
40.5%
40.5%
9.000
41.7%
10.500
41.7%
9.000
630
2 400
2 400
1 500
1 850
1 850
630
6 300
3 700
10 000

图 6.4 屋面平面图

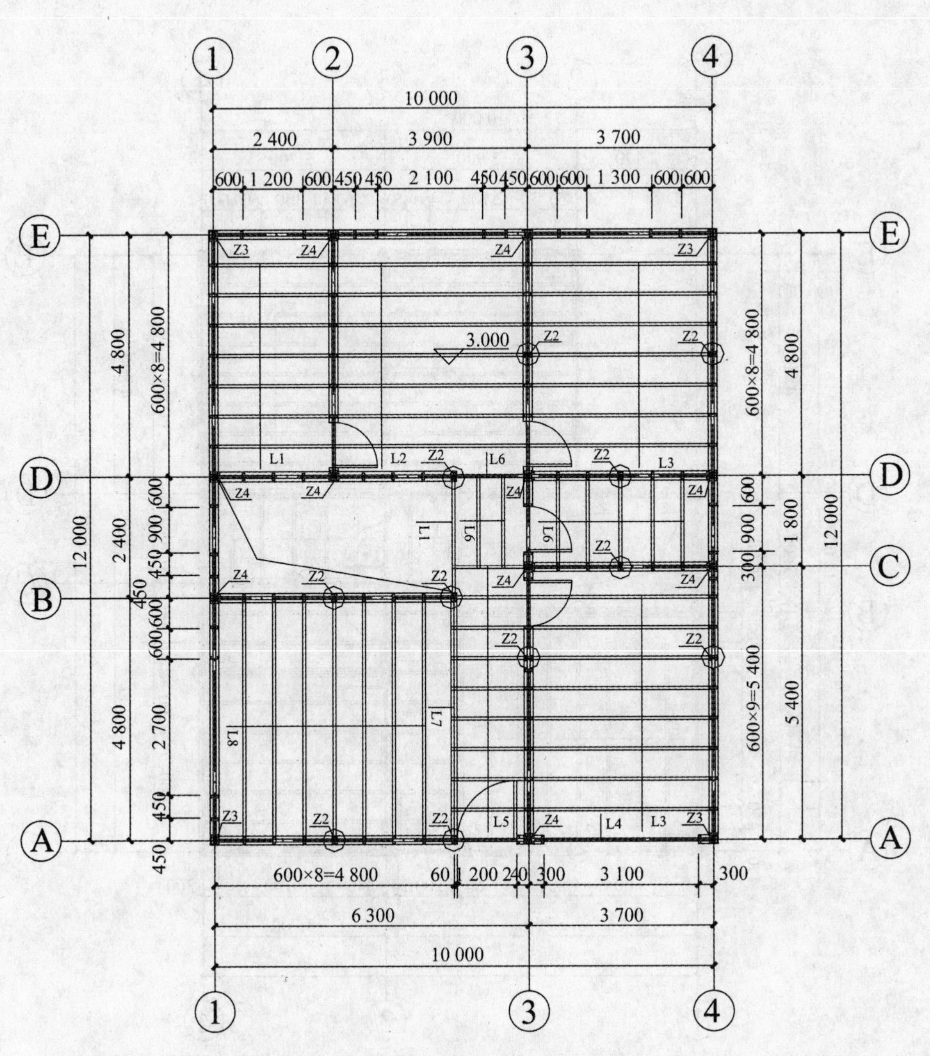

说明：1. 图中未标明柱为 Z1(下同)。
2. 图中未标明梁柱均为轴线对中(下同)。

图 6.5　一层结构梁柱平面布置图(圆圈标注处采用背靠背双拼 C 型墙柱)

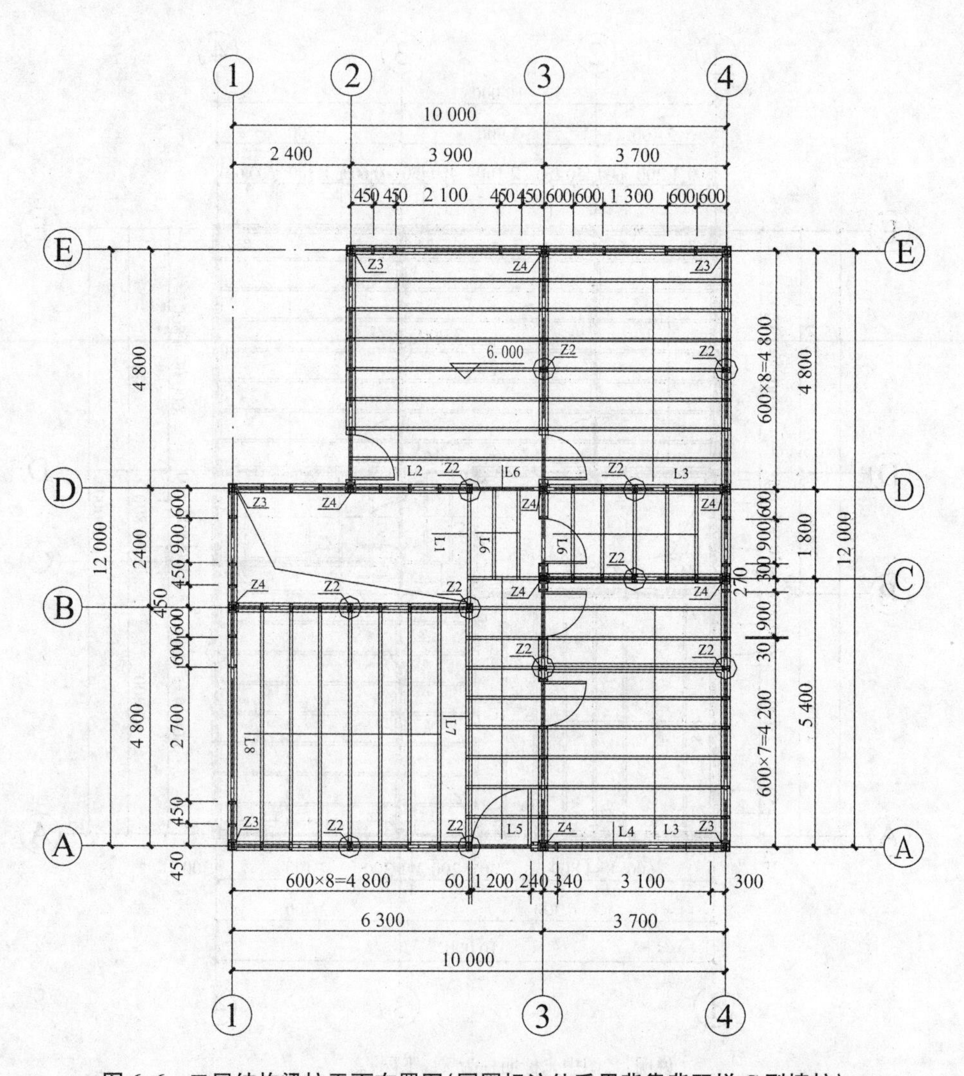

图 6.6　二层结构梁柱平面布置图(圆圈标注处采用背靠背双拼 C 型墙柱)

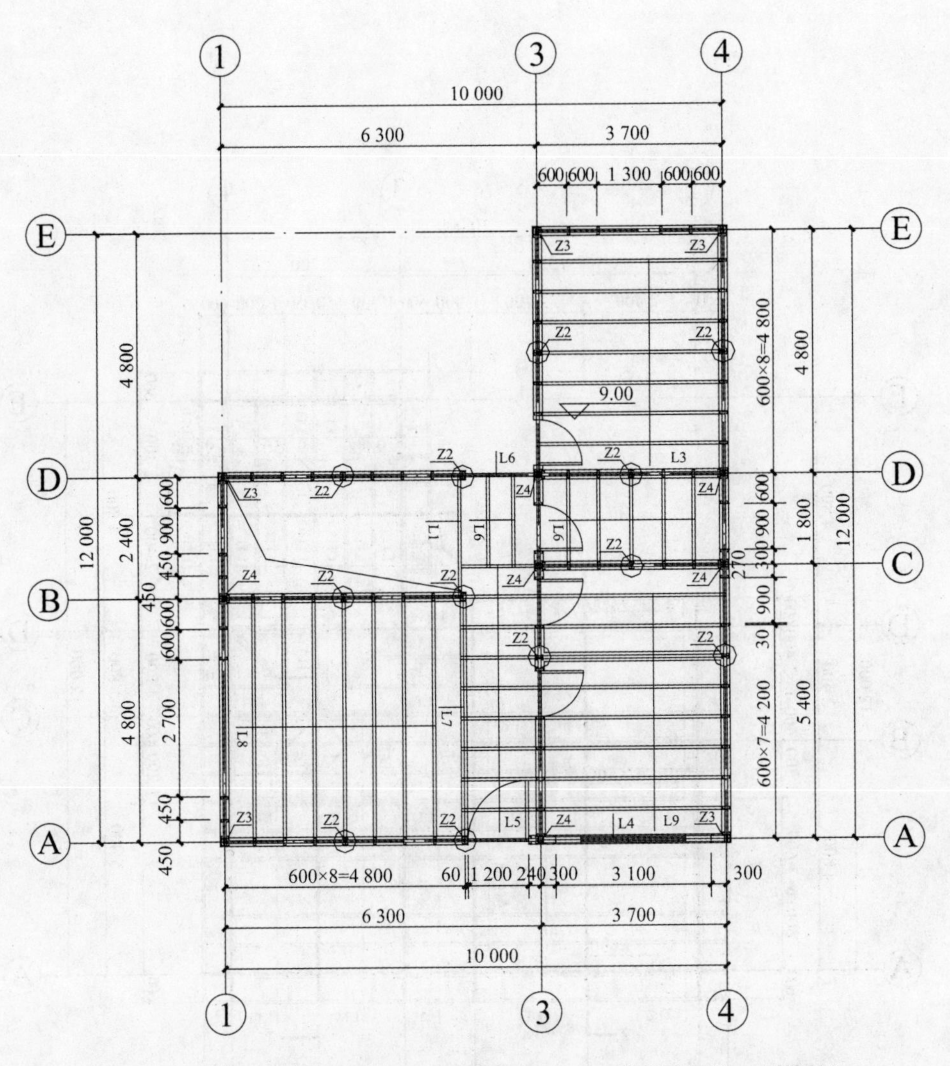

图 6.7　三层结构梁柱平面布置图(圆圈标注处采用背靠背双拼 C 型墙柱)

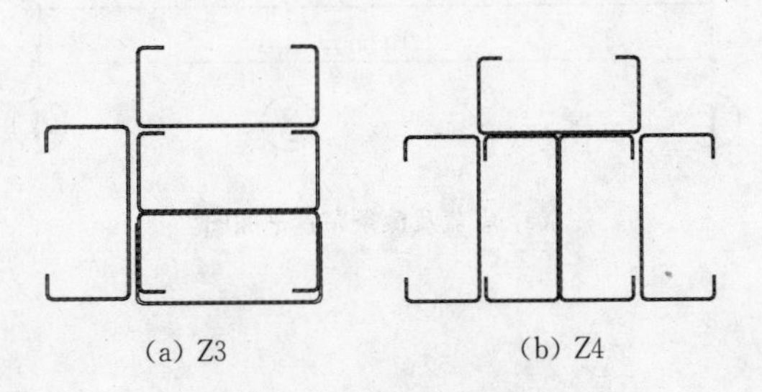

图 6.8　拼合截面立柱

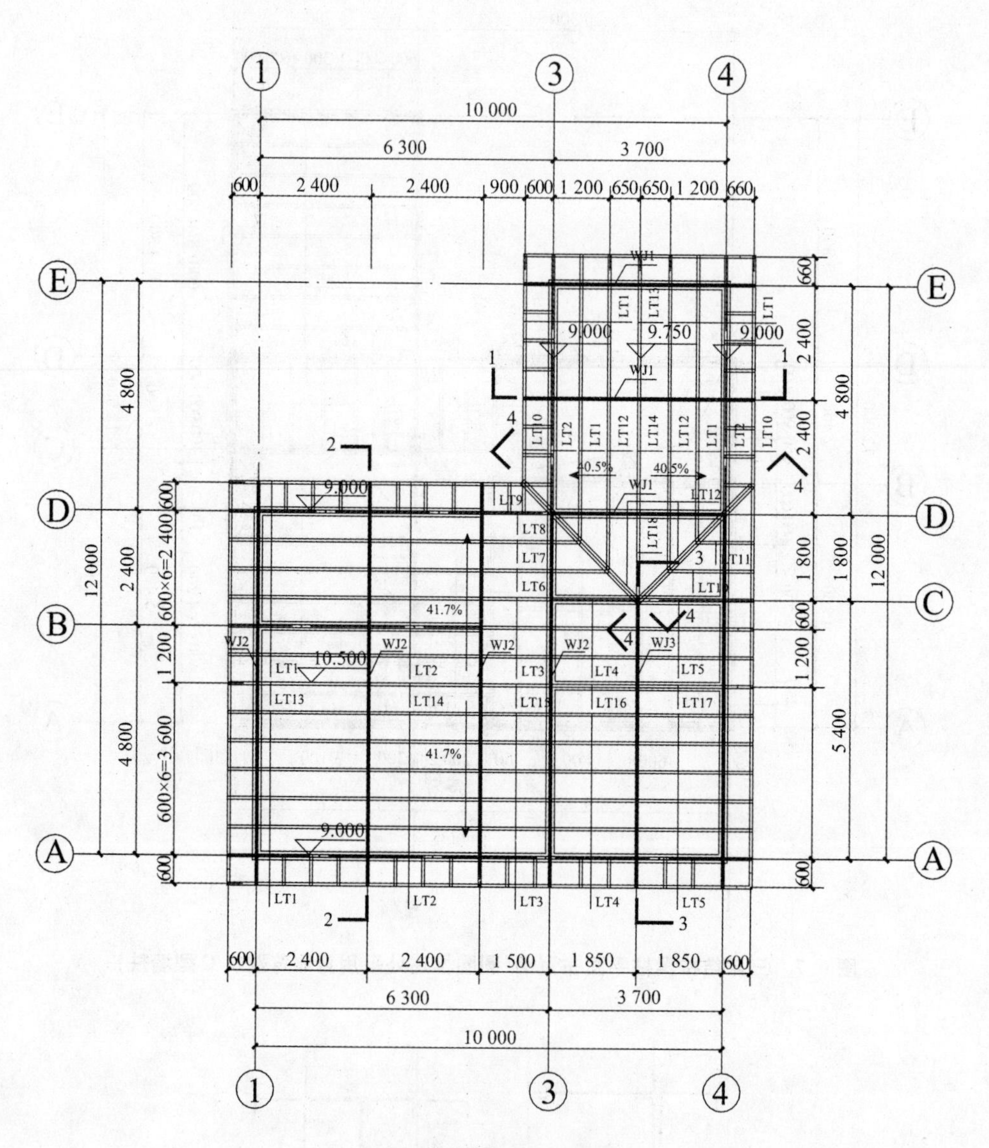

(a) 屋盖及檩条布置平面图

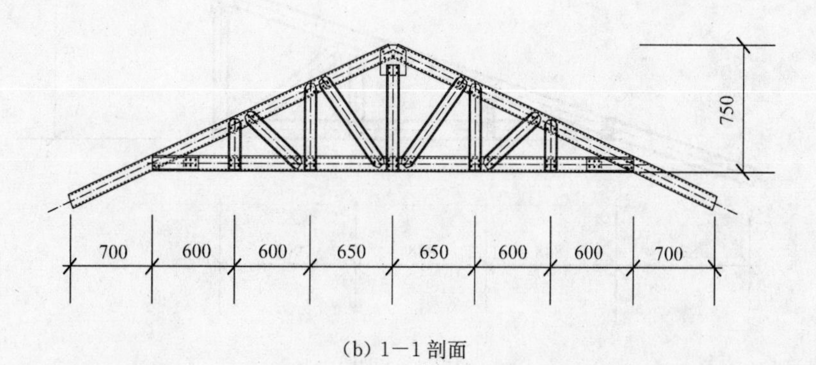

(b) 1—1 剖面

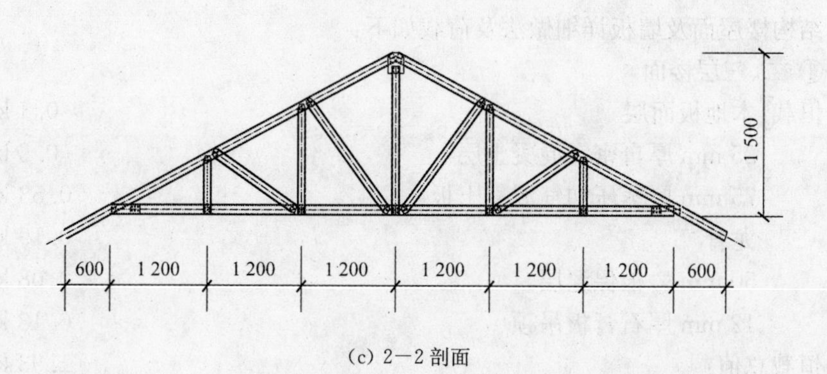

(c) 2—2 剖面

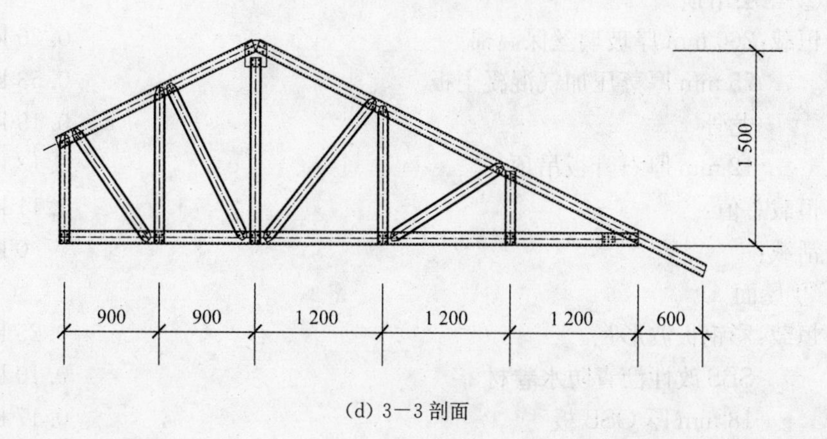

(d) 3—3 剖面

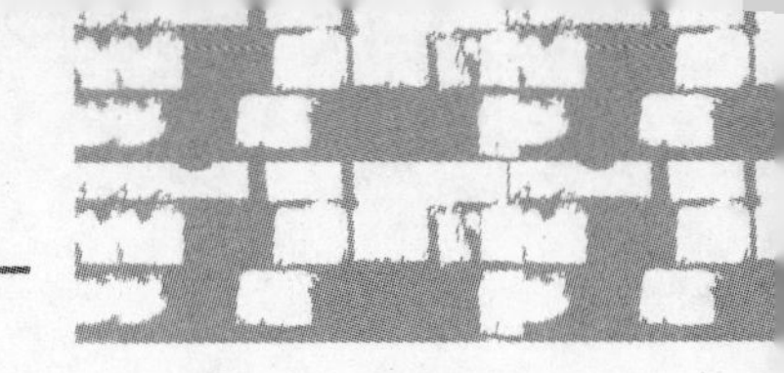

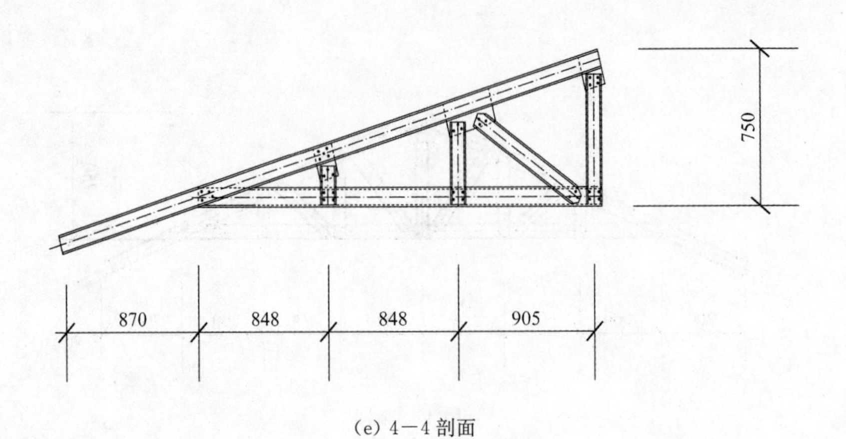

(e) 4—4 剖面

图 6.9　屋盖及檩条布置图

结构楼屋面及墙板详细做法及荷载如下：

① 二、三层楼面

恒载：木地板面层	0.4 kN/m²
25 mm 厚自密实混凝土层	0.6 kN/m²
75 mm 厚蒸压加气混凝土板	0.53 kN/m²
龙骨	0.19 kN/m²
50 mm 岩棉保温层	0.08 kN/m²
12 mm 厚石膏板吊顶	0.13 kN/m²
恒载总值：	1.93 kN/m²
活载：	2 kN/m²

② 三层吊顶

恒载：260 mm 厚玻璃丝保温棉	0.26 kN/m²
75 mm 厚蒸压加气混凝土板	0.53 kN/m²
龙骨	0.19 kN/m²
12 mm 厚石膏板吊顶	0.13 kN/m²
恒载总值：	1.11 kN/m²
活载：	0 kN/m²

③ 屋面

恒载：彩钢板波形瓦	0.25 kN/m²
SBS 改性沥青防水卷材	0.10 kN/m²
18 mm 厚 OSB 板	0.17 kN/m²
檩条	0.10 kN/m²

恒载总值：　　0.62 kN/m²

雪荷载：　　0.5 kN/m²

④ 内墙

恒载：12 mm 石膏板　　0.39 kN/m

龙骨　　0.21 kN/m

50 mm 岩棉保温层　　0.24 kN/m

12 mm 石膏板　　0.39 kN/m

恒载总值：　　1.23 kN/m

⑤ 外墙

恒载：PVC 外挂墙板　　2.0 kN/m

3 mm 聚合砂浆防水层　　0.22 kN/m

12 mm OSB 板　　0.33 kN/m

龙骨　　0.21 kN/m

50 mm 岩棉保温层　　0.24 kN/m

12 mm OSB 板　　0.33 kN/m

恒载总值：　　3.33 kN/m

6.2 构件设计验算

6.2.1 荷载计算

由 6.1 节可知，结构承受恒荷载和活荷载标准值如表 6.2 所示。

表 6.2　荷载标准值

	恒荷载	活荷载
屋面(kN/m²)	0.62	0.5
三层楼顶(kN/m²)	1.11	—
二、三层楼面(kN/m²)	1.93	2
内墙(kN/m)	1.23	—
外墙(kN/m)	3.33	—

1. 楼面梁内力计算

分别计算图 6.5～图 6.7 中二层楼面双 C 梁 L7、三层楼顶双 C 梁 L9，以及二层楼面跨度最大的单 C 梁 L8 的跨中弯矩设计值。

(1) L7：跨度 $l_1=4.8$ m，承受楼面荷载宽度为 1.05 m。

均布恒荷载标准值

$Q_k = 1.05 \times 1.93 = 2.03(\text{kN/m})$

均布活荷载标准值

$Q_q = 1.05 \times 2 = 2.1(\text{kN/m})$

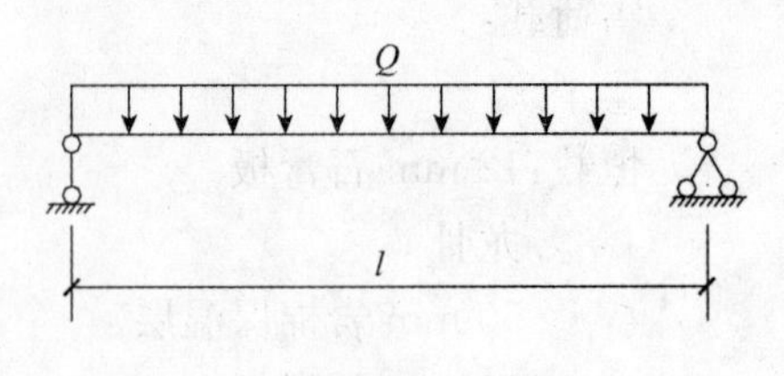

图 6.10

按照如图 6.10 所示的简支梁计算，跨中弯矩分别为

$$M_k = \frac{1}{8}Q_k l_1^2 = \frac{1}{8} \times 2.03 \times 4.8^2 = 5.85(\text{kN} \cdot \text{m})$$

$$M_q = \frac{1}{8}Q_q l_1^2 = \frac{1}{8} \times 2.1 \times 4.8^2 = 6.05(\text{kN} \cdot \text{m})$$

端部剪力分别为

$$V_k = \frac{1}{2}Q_k l_1 = \frac{1}{2} \times 2.03 \times 4.8 = 4.87(\text{kN})$$

$$V_q = \frac{1}{2}Q_q l_1 = \frac{1}{2} \times 2.1 \times 4.8 = 5.04(\text{kN})$$

恒荷载控制值：　$M_1^k = 1.35 \times 5.85 + 0.7 \times 1.4 \times 6.05 = 13.83(\text{kN} \cdot \text{m})$

$V_1^k = 1.35 \times 4.87 + 0.7 \times 1.4 \times 5.04 = 11.51(\text{kN})$

活荷载控制值：　$M_1^q = 1.2 \times 5.85 + 1.4 \times 6.05 = 15.49(\text{kN} \cdot \text{m})$

$V_1^q = 1.2 \times 4.87 + 1.4 \times 5.04 = 12.9(\text{kN})$

梁 L7 的内力设计值为 $M_1 = 15.49$ kN·m，$V_1 = 12.9$ kN。

(2) L8：跨度 $l_2=4.8$ m，承受楼面荷载宽度为 0.6 m。

均布恒荷载标准值 $Q_k = 0.6 \times 1.93 = 1.16(\text{kN/m})$

均布活荷载标准值 $Q_q = 0.6 \times 2 = 1.2(\text{kN/m})$

按照如图 6.10 所示的简支梁计算，跨中弯矩分别为

$$M_k = \frac{1}{8}Q_k l_2^2 = \frac{1}{8} \times 1.16 \times 4.8^2 = 3.34(\text{kN} \cdot \text{m})$$

$$M_q = \frac{1}{8}Q_q l_2^2 = \frac{1}{8} \times 1.2 \times 4.8^2 = 3.46(\text{kN} \cdot \text{m})$$

端部剪力分别为

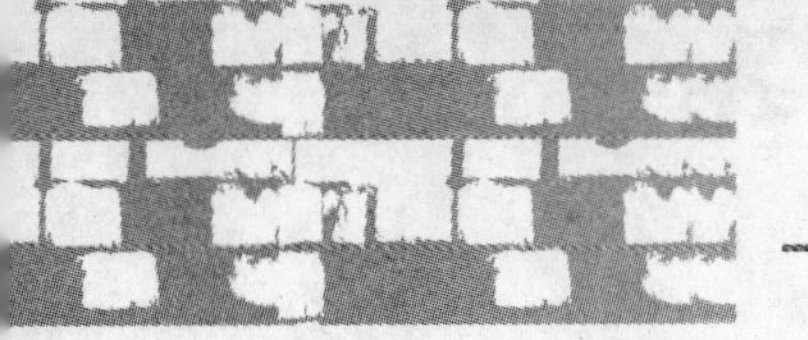

$$V_k = \frac{1}{2}Q_k l_2 = \frac{1}{2} \times 1.16 \times 4.8 = 2.78(\text{kN})$$

$$V_q = \frac{1}{2}Q_q l_2 = \frac{1}{2} \times 1.2 \times 4.8 = 2.88(\text{kN})$$

恒荷载控制值：　$M_2^k = 1.35 \times 3.34 + 0.7 \times 1.4 \times 3.46 = 7.9(\text{kN} \cdot \text{m})$

$V_2^k = 1.35 \times 2.78 + 0.7 \times 1.4 \times 2.88 = 6.58(\text{kN})$

活荷载控制值：　$M_2^q = 1.2 \times 3.34 + 1.4 \times 3.46 = 8.85(\text{kN} \cdot \text{m})$

$V_2^q = 1.2 \times 2.78 + 1.4 \times 2.88 = 7.37(\text{kN})$

梁 L8 的内力设计值为

$$M_2 = 8.85\ \text{kN} \cdot \text{m},\ V_2 = 7.37\ \text{kN}。$$

(3) L9：跨度 $l_3 = 3.7$ m，承受楼面荷载宽度为 0.3 m，同时承受屋架 WJ3 传来的集中荷载。

WJ3 两端分别支于三层柱顶和梁 L9 上，假定 WJ3 屋面荷载面积内 A_1 ($1.85\ \text{m} \times 3.3\ \text{m} = 6.11\ \text{m}^2$)的荷载由 L9 承担(图 6.11)，则 L9 承担的集中荷载为：

集中恒荷载　$P_k = 1.85 \times 3.3 \times 0.62 = 3.79(\text{kN})$

集中活荷载　$P_q = 1.85 \times 3.3 \times 0.5 = 3.01(\text{kN})$

均布恒荷载标准值

$$Q_k = 0.3 \times 1.11 = 0.33(\text{kN/m})$$

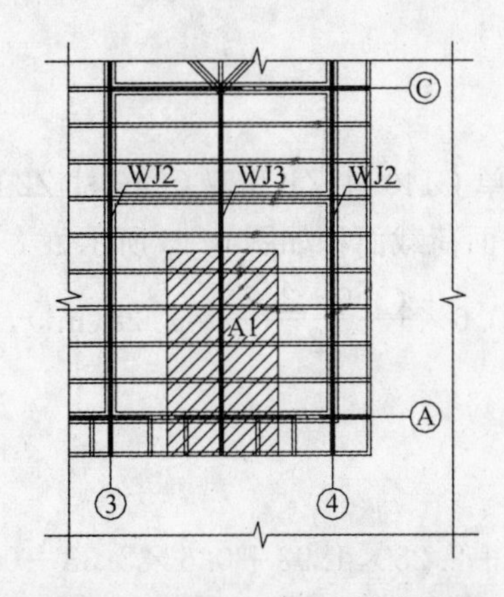

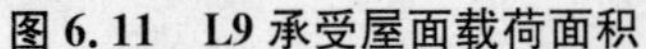

图 6.11　L9 承受屋面载荷面积

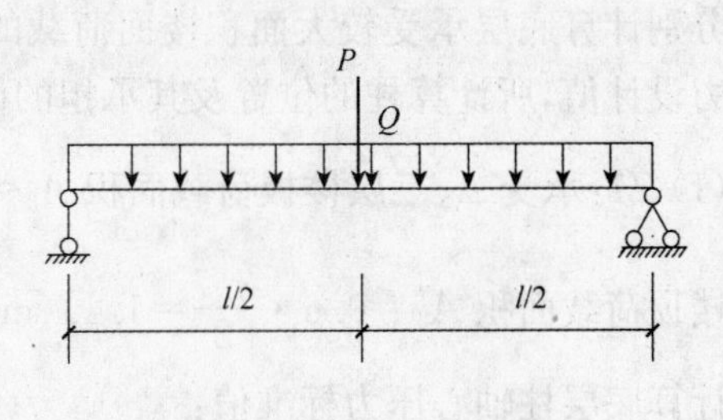

图 6.12　L9 计算简图

按照如图 6.12 所示的简支梁计算，跨中弯矩分别为

$$M_k = \frac{1}{4}P_k l_3 + \frac{1}{8}Q_k l_3^2 = \frac{1}{4} \times 3.79 \times 3.7 + \frac{1}{8} \times 0.33 \times 3.7^2 = 4.07(\text{kN} \cdot \text{m})$$

$$M_q = \frac{1}{4}P_q l_3 = \frac{1}{4} \times 3.01 \times 3.7 = 2.78(\text{kN} \cdot \text{m})$$

端部剪力为

$$V_k = \frac{1}{2}P_k + \frac{1}{2}Q_k l_3 = \frac{1}{2} \times 3.79 + \frac{1}{2} \times 0.33 \times 3.7 = 2.51(\text{kN})$$

$$V_q = \frac{1}{2}P_q = \frac{1}{2} \times 3.01 = 1.51(\text{kN})$$

恒荷载控制值：　$M_3^k = 1.35 \times 4.07 + 0.7 \times 1.4 \times 2.78 = 8.22(\text{kN} \cdot \text{m})$

$V_3^k = 1.35 \times 2.51 + 0.7 \times 1.4 \times 5 = 4.87(\text{kN})$

活荷载控制值：　$M_3^q = 1.2 \times 4.07 + 1.4 \times 2.78 = 8.78(\text{kN} \cdot \text{m})$

$V_3^q = 1.2 \times 2.51 + 1.4 \times 1.51 = 5.13(\text{kN})$

则梁 L9 的内力设计值为

$$M_3 = 8.78\ \text{N} \cdot \text{m},\ V_3 = 5.13\ \text{kN}$$

综上，不考虑双拼截面的相互作用，单根 C240 截面梁的弯矩设计值为 $M_{max} = \max\left\{\frac{15.49}{2}, 8.85, \frac{8.78}{2}\right\} = 8.85(\text{kN} \cdot \text{m})$，剪力设计值为 $V_{max} = \max\left\{\frac{12.9}{2}, 7.37, \frac{5.13}{2}\right\} = 7.37\ (\text{kN})$。

2. 底层柱轴心压力计算

分别计算底层承受较大面积楼面荷载的单 C140 柱 Z1 和双 C140 柱 Z2 的轴心压力设计值，所计算柱的位置及其承担的楼面荷载面积如图 6.13 所示。

(1) Z1：承受二、三层楼板荷载面积 $A_2 = 0.6 \times \frac{(3.9+3.7)}{2} = 2.28(\text{m}^2)$，承受三层楼顶荷载面积 $A_2' = 0.6 \times \frac{3.7}{2} = 1.11(\text{m}^2)$。

计算底层柱轴心压力标准值：

恒荷载 $P_k = 1.11 \times 1.11 + 2.28 \times 1.93 + 2.28 \times 1.93 + 0.6 \times 3.33 + 0.6 \times 1.23 = 12.77(\text{kN})$

活荷载 $P_q = 2.28 \times 2 + 2.28 \times 2 = 9.12(\text{kN})$

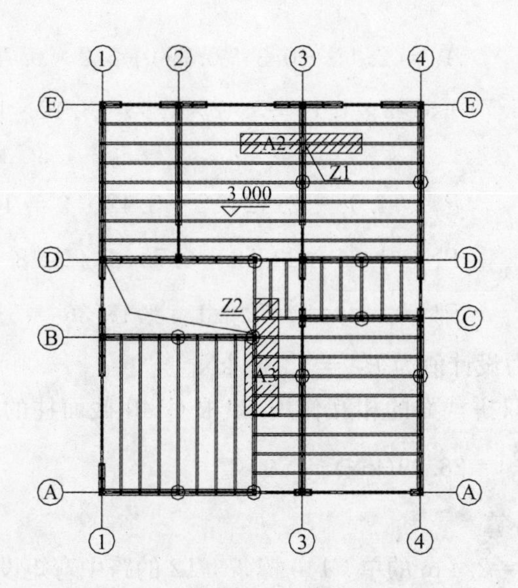

图 6.13　柱最不利荷载计算位置

恒荷载控制值　　$P_1^k = 1.35 \times 12.77 + 0.7 \times 1.4 \times 9.12 = 26.18(\mathrm{kN})$

活荷载控制值　　$P_1^q = 1.2 \times 12.77 + 1.4 \times 9.12 = 28.09(\mathrm{kN})$

柱 Z1 的轴心压力设计值为

$$P_1 = 28.09\ \mathrm{kN \cdot m}$$

(2) Z2:除承受楼面荷载,柱 Z2 还承受来自屋架 WJ2 的荷载,假定屋架 WJ2 与相邻屋架各自分担屋架间一半屋面面积的荷载,即 WJ2 的荷载面积宽度为 $\frac{(2.4+1.5)}{2}=1.95\ \mathrm{m}$,取如图 6.14 所示的均布荷载连续梁为简化模型,通过计算支座 B 处反力 F_B来估算 WJ2 传至 Z2 的荷载。

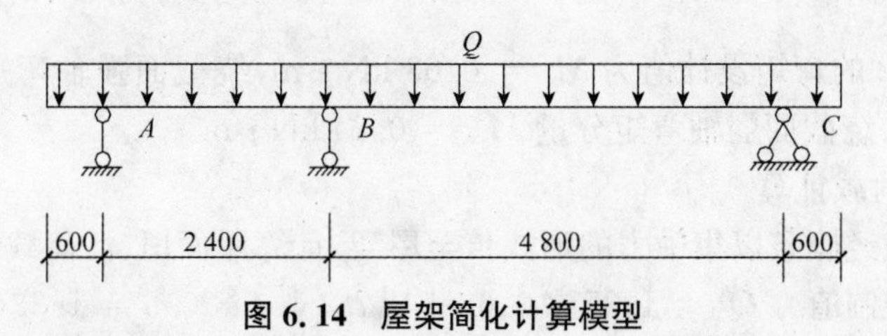

图 6.14　屋架简化计算模型

图 6.14 中:均布恒荷载标准值　　$Q_k = 1.95 \times 0.62 = 1.21(\mathrm{kN/m})$

均布活荷载标准值　　$Q_q = 1.95 \times 0.5 = 0.98(\mathrm{kN/m})$

计算得:支座反力 $F_{Bk} = 5.78\ \mathrm{kN}$,支座反力 $F_{Bq} = 4.68\ \mathrm{kN}$

计算底层柱轴心压力标准值:

楼面荷载面积　　$A_3 = 2.4 \times (0.3 + 0.75) + 1.2 \times 0.75 = 3.42(\mathrm{m}^2)$

恒荷载 $P_k = 5.78 + 3.42 \times 1.11 + 3.42 \times 1.93 + 3.42 \times 1.93 + 0.3 \times 1.23 \times 2 = 23.52(\mathrm{kN})$

活荷载　　$P_q = 4.68 + 3.42 \times 2 + 3.42 \times 2 = 18.36(\mathrm{kN})$

恒荷载控制值　　$P_2^k = 1.35 \times 23.52 + 0.7 \times 1.4 \times 18.36 = 49.74(\mathrm{kN})$

活荷载控制值　　$P_2^q = 1.2 \times 23.52 + 1.4 \times 18.36 = 53.93(\mathrm{kN})$

柱 Z2 轴心压力设计值为 $P_2 = 53.93\ \mathrm{kN}$。

综上，不考虑双拼截面的相互作用，单根 C140 截面柱的轴心压力设计值为 $\max\left\{28.09, \frac{53.93}{2}\right\} = 28.09(\mathrm{kN})$。

3. 檩条内力计算

计算跨度为 $l_4 = 2.4\ \mathrm{m}$ 的单 C140 檩条 LT2 的跨中弯矩设计值。

LT2 跨度 $l_4 = 2.4\ \mathrm{m}$，承受屋面荷载宽度为 0.6 m。

均布恒荷载标准值 $Q_k = 0.6 \times 0.62 = 0.372(\mathrm{kN/m})$

均布活荷载标准值 $Q_q = 0.6 \times 0.5 = 0.3(\mathrm{kN/m})$

按照如图 6.10 所示的简支梁计算，跨中弯矩分别为

$$M_k = \frac{1}{8} Q_k l_4^2 = \frac{1}{8} \times 0.372 \times 2.4^2 = 0.27(\mathrm{kN \cdot m})$$

$$M_q = \frac{1}{8} Q_q l_4^2 = \frac{1}{8} \times 0.3 \times 2.4^2 = 0.22(\mathrm{kN \cdot m})$$

恒荷载控制值：　　$M_4^k = 1.35 \times 0.27 + 0.7 \times 1.4 \times 0.22 = 0.58(\mathrm{kN \cdot m})$

活荷载控制值：　　$M_4^q = 1.2 \times 0.27 + 1.4 \times 0.22 = 0.63(\mathrm{kN \cdot m})$

檩条 LT2 的弯矩设计值为 $M_4 = 0.63\ \mathrm{kN \cdot m}$，绕截面强轴弯矩分量 $M_{4x} = 0.58\ \mathrm{kN \cdot m}$，绕截面弱轴弯矩分量 $M_{4y} = 0.24\ \mathrm{kN \cdot m}$。

4. 屋架荷载计算

屋面荷载经檩条以集中力的形式传至屋架，计算屋面恒、活荷载组合值：

恒荷载控制值　$Q^k = 1.35 \times 0.62 + 0.7 \times 1.4 \times 0.5 = 1.33(\mathrm{kN/m})^2$

活荷载控制值　$Q^q = 1.2 \times 0.62 + 1.4 \times 0.5 = 1.44(\mathrm{kN/m})^2$

取 $Q = 1.44\ \mathrm{kN/m^2}$，取图 6.9 中 1－1 剖面屋架进行设计验算，计算简图见图 6.15，垂直于屋架平面的屋面荷载宽度为 2.4 m。集中荷载设计值 $F = 0.65 \times 2.4 \times 1.44 = 2.25(\mathrm{kN})$

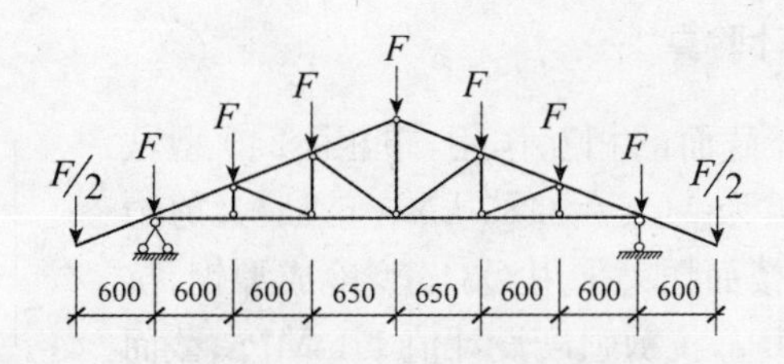

图 6.15　屋架计算简图

屋架为多次超静定结构，利用数值软件 ANSYS 计算屋架内力分布如图 6.16 所示，其中，屋架腹杆及下弦杆受力较小，上弦杆靠近支座位置处同时达到弯矩及轴力最大，且 $N_{max}=10.4$ kN, $M_{max}=0.66$ kN·m。

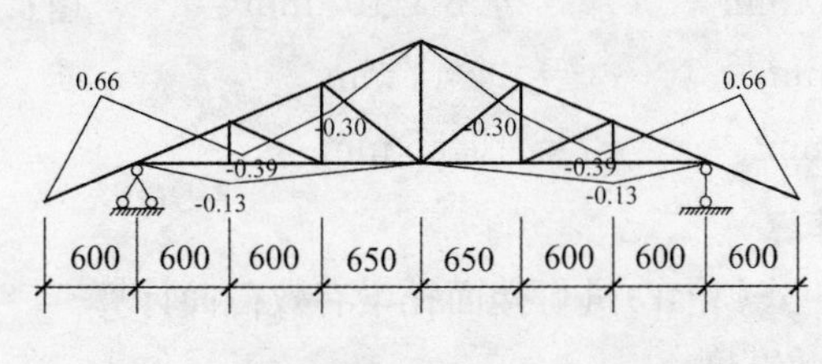

(a) 弯矩图(单位 kN·m)

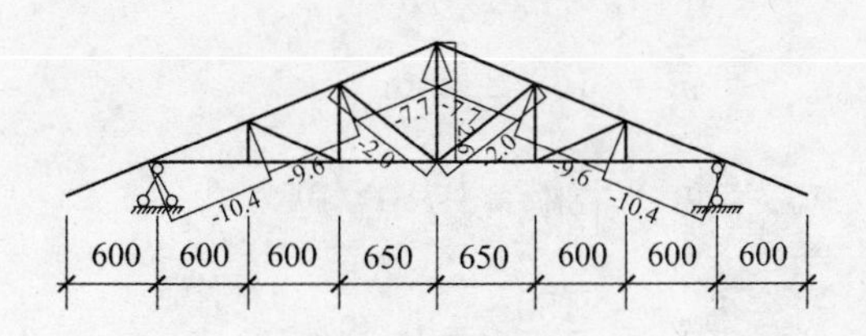

(b) 轴力图(单位 kN)

图 6.16　屋架内力分布图

5. 基础荷载计算

参考《建筑结构荷载规范》(GB 50009)，同时考虑到本设计实例仅为 3 层，故偏于保守不考虑活荷载按楼层的折减系数。底层柱的轴心压力通过柱底导轨以均布荷载的形式传至条形基础，底层柱轴心压力取前文计算的柱 Z2 轴心压力设计值 $P_2=53.93$ kN，柱距 600 mm，基础顶面承受的均布荷载设计值为 $F=\dfrac{53.93}{0.6}=89.89$ kN/m。底层柱 Z2 轴心压力标准值 $P_{2K}=23.52+18.36=41.88$(kN)，则基础顶面均布荷载标准值 $F_K=\dfrac{41.88}{0.6}=69.8$(kN/m)。

6.2.2 楼面托梁设计验算

不考虑双拼组合截面的相互作用，单根 C240 型截面梁承受的最大弯矩为 $M_{max}=8.85\ kN\cdot m$，最大剪力为 $V_{max}=7.37\ kN$。楼面托梁采用 Q345 型冷成型钢，抗弯强度设计值 300 MPa，抗剪强度设计值 175 MPa，截面尺寸为 240 mm×70 mm×13 mm×1.8 mm（图 6.17 中 $h\times b\times a\times t$）。

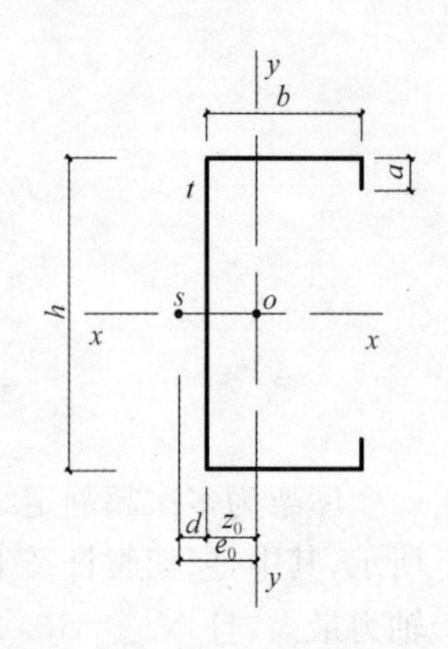

图 6.17 C 型龙骨截面

截面特性：

$$A = 730.8\ mm^2, \quad I_x = 6\ 305\ 948.4\ mm^4$$

$$I_y = 440\ 710\ mm^4, \quad I_w = 4.8\times10^9\ mm^4$$

$$I_t = 789.3\ mm^4, \quad e_0 = 44.14\ mm$$

$$d = 27.59\ mm^4, \quad z_0 = 16.55\ mm$$

(1) 有效截面计算

根据式(3.26)～式(3.42)进行楼面托梁有效截面计算。

① 受压卷边有效宽度

最大压应力 $$\sigma_1 = \frac{M_{max}}{W_x} = \frac{8\ 850\ 000}{52\ 549.6} = 168.2(N/m^2)$$

$$\sigma_{max} = \sigma_1 = 168.2\ N/m^2$$

$$\sigma_{min} = \sigma_1 \times \frac{107}{120} = 150(N/m^2)$$

$$\psi = \frac{\sigma_{min}}{\sigma_{max}} = \frac{150}{168.2} = 0.892$$

$$\alpha = 1.15 - 0.15\psi = 1.02$$

$$b_c = a = 13\ mm$$

受压卷边为非加劲板件，因此其受压稳定系数 k 按式(3.33)计算：

$$k = 1.70 - 3.025\psi + 1.75\psi^2 = 1.70 - 3.025\times0.892 + 1.75\times0.892^2 = 0.394$$

板组约束系数 k_1 按式(3.37)～式(3.39)计算：

$$\xi = \frac{c}{b}\sqrt{\frac{k}{k_c}} = \frac{70}{13}\sqrt{\frac{0.394}{0.98}} = 3.414 > 1.1$$

$$k_1 = 0.11 + \frac{0.93}{(\xi - 0.05)^2} = 0.11 + \frac{0.93}{(3.41 - 0.05)^2} = 0.192$$

其中，邻接板件(受压翼缘)的受压稳定系数 k_c 的计算见下文受压翼缘有效宽度计算过程。

$$\rho = \sqrt{\frac{205\,kk_1}{\sigma_1}} = \sqrt{\frac{205 \times 0.394 \times 0.192}{168.2}} = 0.304$$

$$\frac{b}{t} = \frac{13}{1.8} = 7.22$$

$$18\alpha\rho < \frac{b}{t} < 38\alpha\rho$$

根据式(3.27)，受压卷边的有效宽度

$$b_e = \left(\sqrt{\frac{21.8\alpha\rho}{\frac{b}{t}}} - 0.1\right) \cdot b_c = \left(\sqrt{\frac{21.8 \times 1.02 \times 0.304}{7.22}} - 0.1\right) \times 13 = 11.3(\mathrm{mm})$$

② 受压翼缘的有效宽度

$$\sigma_{max} = \sigma_{min} = \sigma_1 = 168.2\ \mathrm{N/m^2}$$

$$\psi = \frac{\sigma_{min}}{\sigma_{max}} = 1$$

$$\alpha = 1.15 - 0.15\psi = 1.15 - 0.15 = 1$$

$$b_c = b = 70\ \mathrm{mm}$$

受压翼缘作为部分加劲板件，其受压稳定系数 k 按式(3.31)计算：

$$k = 1.70 - 3.025\psi + 1.75\psi^2 = 1.70 - 3.025 \times 1 + 1.75 \times 1^2 = 0.98$$

板组约束系数 k_1 按式(3.37)～式(3.39)计算：

$$\xi = \frac{c}{b}\sqrt{\frac{k}{k_c}} = \frac{240}{70}\sqrt{\frac{0.98}{23.87}} = 0.695 < 1.1$$

$$k_1 = \frac{1}{\sqrt{\xi}} = \frac{1}{\sqrt{0.695}} = 1.2$$

其中，邻接板件(腹板)的受压稳定系数 k_c 的计算见腹板有效宽度的计算过程。

$$\rho = \sqrt{\frac{205\,kk_1}{\sigma_1}} = \sqrt{\frac{205 \times 0.98 \times 1.2}{168.2}} = 1.2$$

$$\frac{b}{t} = \frac{70}{1.8} = 38.89$$

$$18\alpha\rho < \frac{b}{t} < 38\alpha\rho$$

根据式(3.27),受压翼缘的有效宽度:

$$b_e = \left(\sqrt{\frac{21.8\alpha\rho}{\frac{b}{t}}} - 0.1\right) \cdot b_c = \left(\sqrt{\frac{21.8 \times 1 \times 1.2}{38.89}} - 0.1\right) \times 70 = 50.4(\text{mm})$$

因此,根据式(3.42)可得:

$$b_{e1} = 0.4b_e = 0.4 \times 53 = 20.2(\text{mm})$$

$$b_{e2} = 0.6b_e = 0.6 \times 53 = 30.4(\text{mm})$$

③ 腹板的有效宽度

$$\sigma_{max} = \sigma_1 = 168.2\ \text{N/m}^2$$

$$\sigma_{max} = -\sigma_1 = -168.2\ \text{N/m}^2$$

$$\psi = \frac{\sigma_{min}}{\sigma_{max}} = -1 < 0$$

$$\alpha = 1.15$$

$$b_c = \frac{b}{1-\psi} = 120\ \text{mm}$$

腹板作为加劲板件,其受压稳定系数 k 按式(3.30)计算:

$$k = 1.70 - 3.025\psi + 1.75\psi^2 = 1.70 + 3.025 \times 1 + 1.75 \times 1^2 = 23.87$$

板组约束系数 k_1 按式(3.37)~式(3.39)计算:

$$\xi = \frac{c}{b}\sqrt{\frac{k}{k_c}} = \frac{70}{240}\sqrt{\frac{23.87}{0.98}} = 1.44 > 1.1$$

$$k_1 = 0.11 + \frac{0.93}{(\xi - 0.05)^2} = 0.11 + \frac{0.93}{(1.44 - 0.05)^2} = 0.592$$

其中,邻接板件(受压翼缘)的受压稳定系数 k_c 的计算见受压翼缘有效宽度的计算过程。

$$\rho=\sqrt{\frac{205\,kk_1}{\sigma_1}}=\sqrt{\frac{205\times 23.87\times 0.592}{168.2}}=4.15$$

$$\frac{b}{t}=\frac{240}{1.8}=133.3$$

$$18\alpha\rho<\frac{b}{t}<38\alpha\rho$$

根据式(3.27)，受压翼缘的有效宽度

$$b_e=\left(\sqrt{\frac{21.8\alpha\rho}{\frac{b}{t}}}-0.1\right)\cdot b_c=\left(\sqrt{\frac{21.8\times 1.15\times 4.15}{133.3}}-0.1\right)\times 120=94.0(\mathrm{mm})$$

根据式(3.41)

$$b_{e1}=0.4b_e=0.4\times 94.0=37.6(\mathrm{mm})$$

$$b_{e2}=0.6b_e=0.6\times 94.0=56.4(\mathrm{mm})$$

因此，楼面托梁有效截面如图 6.18 所示(加粗部分)，其有效截面的截面特性：

$$I_{enx}=5\,577\,383.3\ \mathrm{mm}^4,\ W_{enx}=43\,129.1\ \mathrm{mm}^3$$

(2) 承载力验算

楼面托梁按照荷载通过截面弯心且与主轴平行的单轴对称受弯构件验算。受压翼缘上铺有楼面板与受压翼缘牢固相连能够有效阻止受压翼缘侧向变位和扭转，因此，不进行托梁整体稳定性验算，只需根据式(3.64)和式(3.65)进行强度验算：

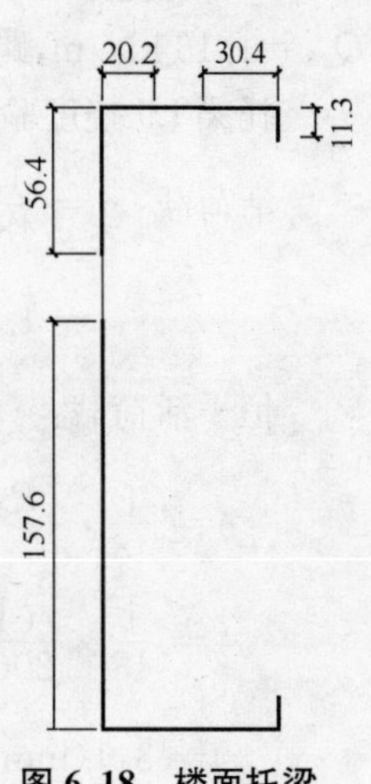

图 6.18　楼面托梁有效截面

$$\sigma=\frac{M_x}{W_{enx}}=\frac{8.84\times 10^6}{43\,129.1}=205.0(\mathrm{N/mm})^2<f=300(\mathrm{N/mm})^2$$

$$\tau=\frac{V_{max}S}{It}=\frac{7\,370\times 30\,735.9}{6\,305\,948.4\times 1.8}=19.95(\mathrm{N/mm})^2<f_v=175(\mathrm{N/mm})^2$$

托梁满足强度设计要求。

此外，尚需根据式(3.74)～式(3.76)进行楼面托梁畸变屈曲验算，其中，托梁弹性畸变屈曲临界应力由 CUFSM 软件计算得到，即 $\sigma_{md}=252$ MPa。

$$\lambda_{md}=\sqrt{\frac{f_y}{\sigma_{md}}}=\sqrt{\frac{300}{252}}=1.09$$

因此，

$$M_{\mathrm{d}}=\frac{Wf}{\lambda_{\mathrm{md}}}\left(1-\frac{0.22}{\lambda_{\mathrm{md}}}\right)=\frac{52\,549.6\times 300}{1.09}\times\left(\frac{1-0.22}{1.09}\right)$$
$$=11.5(\mathrm{kN\cdot m})>8.84(\mathrm{kN\cdot m})=M_{\mathrm{x}}$$

托梁满足稳定性要求。

(3) 挠度验算

分别验算承受集中荷载和均布荷载的托梁 L9(图 6.5～图 6.7)与承受均布荷载的托梁 L8(图 6.5～图 6.7)的挠度。托梁 L9 集中活荷载标准值 $P_{\mathrm{q2}}=2.78$ kN,集中恒荷载标准值 $P_{\mathrm{k2}}=4.08$ kN,均布恒荷载标准值 $Q_{\mathrm{k2}}=0.33$ kN/m,跨度 $l_2=3.7$ m;托梁 L8 承受均布活荷载标准值 $Q_{\mathrm{q3}}=1.2$ kN/m,均布恒荷载标准值 $Q_{\mathrm{k3}}=1.16$ kN/m,跨度 $l_3=4.8$ m。

托梁 L9 挠度验算:

活荷载：$\upsilon=\frac{1}{48}\cdot\frac{P_{\mathrm{q2}}l_2^3}{EI_{\mathrm{x}}}=\frac{1}{48}\times\frac{2\,780\times 3\,700^3}{206\,000\times 6\,305\,948.4\times 2}$

$$=1.13(\mathrm{mm})<[\upsilon]=\frac{l_2}{500}=7.4\ \mathrm{mm}$$

恒+活荷载:

$$\upsilon=\frac{1}{48}\cdot\frac{(P_{\mathrm{q2}}+P_{\mathrm{k2}})l_2^3}{EI_{\mathrm{x}}}+\frac{5}{384}\cdot\frac{Q_{\mathrm{k2}}l_2^4}{EI_{\mathrm{x}}}$$
$$=\frac{1}{48}\times\frac{(4\,080+2\,780)\times 3\,700^3}{206\,000\times 6\,305\,948.4\times 2}+\frac{5}{384}\times\frac{0.33\times 3\,700^4}{206\,000\times 6\,305\,948.4\times 2}$$
$$=3.1(\mathrm{mm})<[\upsilon]=\frac{l_2}{250}=14.8\ \mathrm{mm}$$

托梁 L8 挠度验算:

活荷载:

$$\upsilon=\frac{5}{384}\cdot\frac{Q_{\mathrm{q3}}l_3^4}{EI_{\mathrm{x}}}=\frac{5}{384}\times\frac{1.2\times 4\,800^4}{206\,000\times 6\,305\,948.4}=6.4(\mathrm{mm})<[\upsilon]$$
$$=\frac{l_3}{500}=9.6(\mathrm{mm})$$

恒+活荷载:

$$\upsilon=\frac{5}{384}\cdot\frac{(Q_{\mathrm{k3}}+Q_{\mathrm{q3}})l_3^4}{EI_{\mathrm{x}}}=\frac{5}{384}\times\frac{(1.16+1.2)\times 4\,800^4}{206\,000\times 6\,305\,948.4}=12.6\ \mathrm{mm}<[\upsilon]$$
$$=\frac{l_3}{250}=19.2(\mathrm{mm})$$

均满足设计要求。

因此,冷成型钢托梁满足强度、刚度及稳定性要求。

6.3.3　墙柱设计验算

图6.5～图6.7中,墙柱Z1为单C型龙骨立柱,墙柱Z2为背靠背双拼C型龙骨立柱,C型柱截面尺寸为140 mm×50 mm×13 mm×1.0 mm。根据底层柱轴心压力计算,墙柱Z1的轴心压力设计值为28.09 kN。以墙柱Z1设计验算过程为例,其截面特性如下:

$$A = 266\ \mathrm{mm}^2,\quad I_x = 823\,871\ \mathrm{mm}^4,\quad I_y = 94\,047,\quad I_w = 3.7\times10^8$$

$$I_t = 88.67\ \mathrm{mm}^4,\quad e_0 = 36.8\ \mathrm{mm}$$

(1) 有效截面计算

根据式(3.26)～式(3.42)进行墙柱有效截面计算。

$$\sigma_1 = \frac{N}{A} = \frac{28.09\times10^3}{266} = 105.60(\mathrm{MPa})$$

按公式(3.29)～公式(3.36)确定腹板、翼缘和卷边各板件的受压稳定系数:

$$k = 7.8 - 8.15\psi + 4.35\psi^2 = 4\ (\text{腹板板件})$$

$$k = 5.89 - 11.59\psi + 6.68\psi^2 = 0.98\ (\text{翼缘板件})$$

$$k = 1.70 - 3.025\psi + 1.75\psi^2 = 0.425\ (\text{卷边板件})$$

① 翼缘有效宽度

$$\xi = \frac{c}{b}\sqrt{\frac{k}{k_c}} = \frac{140}{50}\sqrt{\frac{0.98}{4}} = 1.385 \geqslant 1.1$$

$$k_1 = 0.11 + \frac{0.93}{(\xi - 0.05)^2} = 0.632$$

$$\rho = \sqrt{\frac{205\,kk_1}{\sigma_1}} = \sqrt{\frac{205\times0.98\times0.632}{105.6}} = 1.097$$

由于 $\frac{b}{t} = 50 \geqslant 38\alpha\rho$,则

$$b_e = \frac{25\alpha\rho}{\frac{b}{t}}\cdot b_c = \frac{25\times1\times1.097}{50}\times50 = 27.43(\mathrm{mm})$$

② 腹板有效宽度

$$\xi = \frac{c}{b}\sqrt{\frac{k}{k_c}} = \frac{50}{140}\sqrt{\frac{4}{0.98}} = 0.722 \leqslant 1.1$$

$$k_1 = \frac{1}{\sqrt{\xi}} = 1.177$$

$$\rho = \sqrt{\frac{205\,kk_1}{\sigma_1}} = \sqrt{\frac{205 \times 4 \times 1.177}{105.6}} = 3.02$$

由于 $\frac{b}{t} = 140 \geqslant 38\alpha\rho$，则

$$b_e = \frac{25\alpha\rho}{\frac{b}{t}} \cdot b_c = \frac{25 \times 1 \times 3.02}{140} \times 140 = 75.5\ \text{mm}$$

③ 卷边有效宽度

$$\xi = \frac{c}{b}\sqrt{\frac{k}{k_c}} = \frac{50}{13}\sqrt{\frac{0.425}{0.98}} = 2.533 \geqslant 1.1$$

$$k_1 = 0.11 + \frac{0.93}{(\xi - 0.05)^2} = 0.261$$

$$\rho = \sqrt{\frac{205\,kk_1}{\sigma_1}} = \sqrt{\frac{205 \times 0.425 \times 0.261}{105.6}} = 0.464$$

由于 $18\alpha\rho \leqslant \frac{b}{t} = 13 \leqslant 38\alpha\rho$，则

$$b_e = \left(\sqrt{\frac{21.8\alpha\rho}{\frac{b}{t}}} - 0.1\right) \cdot b_c = \left(\sqrt{\frac{21.8 \times 1 \times 0.464}{13}} - 0.1\right) \times 13 = 10.17(\text{mm})$$

所以墙柱有效面积为：

$$A_{en} = [75.5 + 2(27.43 + 10.17)] \times 1 = 150.7(\text{mm}^2)$$

(2) 承载力验算

① 强度验算

根据公式(3.43)计算：

$$\frac{N}{A_{en}} = \frac{28.09 \times 10^3}{150.7} = 186.40(\text{MPa}) \leqslant f = 300(\text{MPa})$$

墙柱满足强度设计要求。

② 稳定性验算

承重墙立柱的稳定性设计包括立柱弯曲屈曲稳定性计算、立柱弯扭屈曲稳定性计算，以及立柱畸变屈曲验算。

首先确定立柱对截面 x、y 轴的长细比 λ_x、λ_y，立柱弯扭屈曲的换算长细比 λ_w，以及立柱畸变屈曲长细比 λ_{cd}，其中，绕 x 轴弯曲屈曲的计算长度取立柱全长 l；绕 y 轴弯曲屈曲的计算长度取两倍螺钉间距，即 $2c$；弯扭屈曲包括绕 x 轴弯曲屈曲（计算长度取立柱全长 l）和两倍螺钉间扭转屈曲（计算长度取两倍螺钉间距 $2c$）。

$$\lambda_x = \frac{l_{ox}}{i_x} = \frac{3\,000}{55.65} = 53.9$$

$$\lambda_y = \frac{l_{oy}}{i_y} = \frac{600}{18.8} = 31.9$$

$$s^2 = \frac{\lambda_x^2}{A}\left(\frac{I_w}{l_x^2} + 0.039 I_t\right) = 11\,327.47(\text{mm}^2)$$

$$i_0^2 = e_0^2 + i_x^2 + i_y^2 = 36.8^2 + 55.65^2 + 18.8^2 = 4\,804.60(\text{mm}^4)$$

$$\lambda_w = \lambda_x \sqrt{\frac{s^2 + i_0^2}{2s^2} + \sqrt{\left(\frac{s^2 + i_0^2}{2s^2}\right)^2 - \frac{i_0^2 - e_0^2}{s^2}}}$$

$$= 53.9\sqrt{\frac{11\,327.47 + 4\,804.60}{2\times 11\,327.47} + \sqrt{\left(\frac{11\,327.47 + 4\,804.60}{2\times 11\,327.47}\right)^2 - \frac{4\,804.60 - 36.8^2}{11\,327.47}}}$$

$$= 58.1$$

取 $\lambda = \max(\lambda_x, \lambda_y, \lambda_w) = 58.1$，查《冷弯薄壁型钢结构技术规范》(GB 50018) 表 A.1.1-1 得 $\varphi = 0.789$。

根据式(3.44)计算：

$$\frac{N}{\varphi A_e} = \frac{28.09\times 10^3}{0.789\times 150.7} = 236.24(\text{MPa}) \leqslant f = 300(\text{MPa})$$

墙柱满足局部及整体稳定性要求。

此外，尚需根据式(3.51)～式(3.53)进行墙柱畸变屈曲验算，其中，墙柱弹性畸变屈曲临界应力由 CUFSM 软件计算得到，即 $\sigma_{cd} = 131.7$ MPa。

$$\lambda_{cd}=\sqrt{\frac{f_y}{\sigma_{cd}}}=\sqrt{\frac{345}{131.7}}=1.62$$

当 $1.414\leqslant\lambda_{cd}\leqslant3.6$ 时，$A_{cd}=A[0.055(\lambda_{cd}-3.6)^2+0.237]=120.4\ \text{mm}^2$

$$\frac{N}{A_{cd}}=233.31\ \text{MPa}\leqslant f=300\ \text{MPa}$$

因此，墙柱满足强度及稳定性设计要求。背靠背双拼 C140 墙柱采用相同步骤进行验算，亦满足设计要求。

6.2.4 屋架设计验算

屋架上弦杆采用 C140 型龙骨(140 mm×50 mm×13 mm×1.2 mm)，截面特性如下：

$$A=319.2\ \text{mm}^2,\quad I_x=988\,646\ \text{mm}^4,\quad I_y=112\,857,\quad I_w=4.5\times10^8$$

$$I_t=153.2\ \text{mm}^4,\quad e_0=36.8\ \text{mm}$$

(1) 有效截面计算

根据式(3.26)~式(3.42)进行墙柱有效截面计算。

$$\sigma_{max}=\frac{N}{A}+\frac{M\cdot h}{2I_x}=81(\text{MPa})$$

$$\sigma_{min}=\frac{N}{A}-\frac{M\cdot h}{2I_x}=-15(\text{MPa})$$

① 受压翼缘有效宽度

$$k=5.89-11.59\psi+6.68\psi^2=0.98$$

$$\rho=\sqrt{\frac{205\,kk_1}{\sigma_1}}=\sqrt{\frac{205\times0.98\times1}{300}}=0.82$$

由于 $\frac{b}{t}=41.7\geqslant38\alpha\rho$，则

$$b_e=\frac{25\alpha\rho}{\frac{b}{t}}\cdot b_c=\frac{25\times1\times0.82}{\frac{50}{1.2}}\times50=24.6(\text{mm})$$

② 腹板有效宽度

$$\psi = -\frac{15}{81} = -0.185$$

$$\alpha = 1.15 - 0.15\psi = 1.177$$

$$k = 7.8 - 6.29\psi + 9.78\psi^2 = 9.3$$

$$\rho = \sqrt{\frac{205\,kk_1}{\sigma_1}} = \sqrt{\frac{205 \times 9.3 \times 1}{300}} = 2.52$$

由于 $\frac{b}{t} = 117 \geqslant 38\alpha\rho = 112.7$，则

$$b_e = \frac{25\alpha\rho}{\frac{b}{t}} \cdot b_c = 75\ \text{mm}$$

$$b_{e1} = \frac{2b_e}{5-\psi} = 29\ \text{mm}$$

$$b_{e2} = b_e - b_{e1} = 46\ \text{mm}$$

③ 受压卷边有效宽度

$$k = 1.70 - 3.025\psi + 1.75\psi^2 = 0.425$$

$$\rho = \sqrt{\frac{205kk_1}{\sigma_1}} = \sqrt{\frac{205 \times 0.425}{300}} = 0.54$$

由于 $18\alpha\rho \leqslant \frac{b}{t} = 10.83 \leqslant 38\alpha\rho$，则

$$b_e = \left(\sqrt{\frac{21.8\alpha\rho}{\frac{b}{t}}} - 0.1\right) \cdot b_c = 12.2(\text{mm})$$

因此，上弦杆有效截面特性：

$$A_{en} = 242.6\ \text{mm}^2, \quad I_{enx} = 8.9 \times 10^5\ \text{mm}^4, \quad I_{eny} = 107\,000\ \text{mm}^4$$

(2) 承载力验算

① 强度验算

根据公式(3.87)计算：

$$\frac{N}{A_{en}} + \frac{M_x}{W_{enx}} = \frac{10\,400}{242.6} + \frac{660\,000}{10\,907} = 103.4(\text{MPa}) \leqslant f = 300(\text{MPa})$$

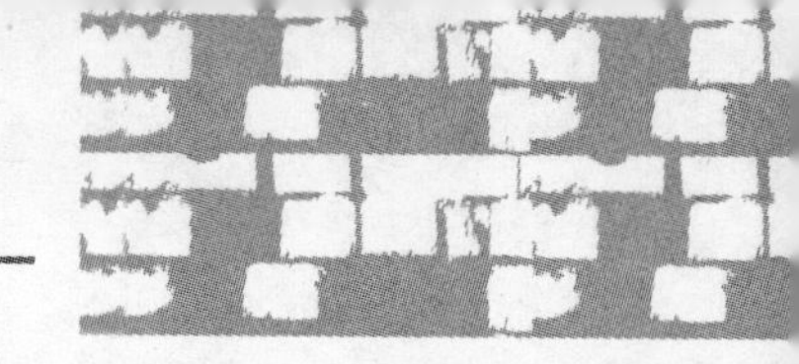

上弦杆满足强度设计要求。

② 稳定性验算

根据式(3.97)～式(3.98)验算压弯构件稳定性。

$$\beta_m = 0.6 + 0.4\frac{M_2}{M_1} = 0.836$$

$$\lambda_x = \frac{l_x}{i_x} = 10$$

根据《冷弯薄壁型钢结构技术规范》附录A中表A.1查得 $\varphi_x = 0.95$

$$N'_{ex} = \frac{\pi^2 EA}{1.165\lambda_x^2} = 4.2 \times 10^6$$

根据式(3.97)计算：

$$\frac{N}{\varphi_x A_e} + \frac{\beta_{mx} M_x}{\left(1 - \frac{N}{N'_{Ex}}\varphi_x\right) W_{ex}} = 121.7(\text{MPa}) \leqslant f = 300(\text{MPa})$$

同理，根据式(3.98)计算：

$$\frac{N}{\varphi_y A_e} + \frac{M_x}{\varphi_{bx} W_{ex}} = 117.4(\text{MPa}) \leqslant f = 300(\text{MPa})$$

此外，上弦杆为压弯构件，尚需根据式(3.100)～式(3.108)进行畸变屈曲验算。利用CUFSM软件进行构件弹性畸变屈曲临界应力求解，得

$$\sigma_{cd} = 162.7\ \text{MPa},\ \lambda_{cd} = \sqrt{\frac{f_y}{\sigma_{cd}}} = \sqrt{\frac{300}{162.7}} = 1.36$$

$$A_{cd} = A\left(\frac{1-\lambda_{cd}^2}{4}\right) = 319.2\left(\frac{1-1.36^2}{4}\right) = 171.6(\text{mm}^2)$$

$$N_j = \min(N_c,\ N_A) = 51.5(\text{kN})$$

$$\sigma_{cm} = 345.4\ \text{MPa},\ \lambda_{md} = \sqrt{\frac{f_y}{\sigma_{cm}}} = \sqrt{\frac{300}{345.4}} = 0.93$$

$$M_j = \min(M_c,\ M_A) = 2.7(\text{kN} \cdot \text{m})$$

根据式(3.100)计算：

$$\frac{N}{N_j} + \frac{\beta_m M}{M_j} = \frac{10\,400}{51\,500} + \frac{0.836 \times 660\,000}{2\,700\,000} = 0.4 \leqslant 1.0$$

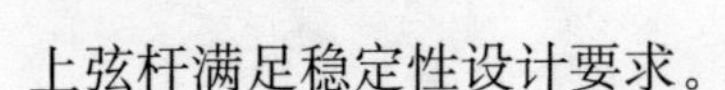

上弦杆满足稳定性设计要求。

(3) 挠度验算

利用 ANSYS 软件进行屋架变形验算，最大挠度 1.4 mm，满足 $L/350=13.4$ mm允许挠度要求。

因此，屋架满足强度、刚度及稳定性设计要求，按照相同步骤，进行图 6.4 中 2-2剖面及 3-3 剖面屋架设计验算，同样满足要求。

6.2.5　檩条设计验算

檩条为受弯构件，采用 C140 型龙骨(截面尺寸 140 mm×50 mm×13 mm×1.0 mm)。单根檩条最大弯矩设计值 $M_{max}=0.63$ kN·m。

(1) 有效截面计算

檩条有效截面计算过程与第 6.2.2 节相同，有效截面如图 6.19 所示，有效截面的截面特性：

$$I_{enx}=795\,935.2\ \text{mm}^4,\quad W_{enx}=11\,180.9\ \text{mm}^3$$

$$I_{eny}=89\,313.3\ \text{mm}^4,\quad W_{eny}=2\,497.5\ \text{mm}^3$$

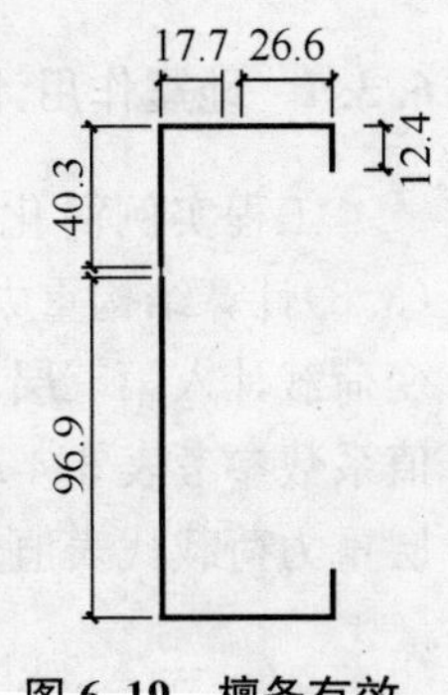

图 6.19　檩条有效截面

(2) 承载力验算

由于屋面能有效阻止檩条侧向位移和扭转，因此檩条整体稳定性可不做验算。按照式(3.109)计算截面强度。

$$M_x=0.576\ \text{kN}\cdot\text{m},\quad M_y=0.24\ \text{kN}\cdot\text{m}$$

$$\sigma=\frac{M_x}{W_{enx}}+\frac{M_y}{W_{eny}}=\frac{0.576\times10^6}{11\,180.9}+\frac{0.24\times10^6}{2\,497.5}$$
$$=147.6(\text{N/mm})^2<f=300(\text{N/mm})^2$$

檩条满足强度设计要求。

此外，尚需根据式(3.74)～式(3.76)进行檩条畸变屈曲验算，其中檩条弹性畸变屈曲临界应力由 CUFSM 软件计算得到，即 $\sigma_{md}=280$ MPa。

$$\lambda_{md}=\sqrt{\frac{f_y}{\sigma_{md}}}=\sqrt{\frac{300}{280}}=1.04$$

$$M_d=\frac{Wf}{\lambda_{md}}\left(1-\frac{0.22}{\lambda_{md}}\right)=\frac{11\,769\times300}{1.04}\left(1-\frac{0.22}{1.04}\right)=2.7(\text{kN}\cdot\text{m})>0.63(\text{kN}\cdot\text{m})$$

檩条满足稳定性要求。

(3) 挠度验算

檩条承受均布线荷载 0.87 kN/m，跨度 $l=2.4$ m，其跨中挠度为：

$$\upsilon=\frac{5}{384}\cdot\frac{Ql^4}{EI_x}=\frac{5}{384}\times\frac{0.87\times 2\,400^4}{206\,000\times 823\,871}=2.2(\mathrm{mm})<[\upsilon]=\frac{l}{200}=12(\mathrm{mm})$$

因此，檩条满足强度、刚度及稳定性设计要求。

6.3 抗震验算

6.3.1 地震作用计算

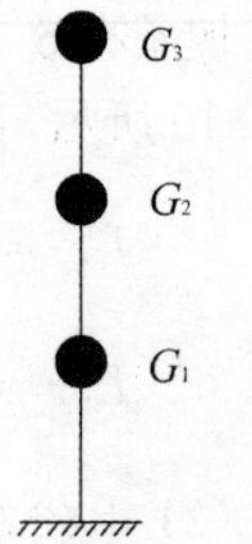

工程实例简化为图 6.20 所示三质点体系。根据式(3.8)计算结构重力荷载代表值，其中，屋面自重及屋面可变荷载计入第三层质点，雪荷载和楼面均布活荷载的组合值系数参考表 3.4 取 $\Psi_Q=0.5$。图 6.20 的三质点体系各层重力荷载代表值分别为：

图 6.20 三质点体系示意图

$$G_1=453\ \mathrm{kN},\ G_2=357\ \mathrm{kN},\ G_3=238\ \mathrm{kN}$$

因此，总重力荷载代表值为：

$$G=G_1+G_2+G_3=1\,048(\mathrm{kN})$$

结构等效重力荷载取重力荷载代表值的 85%，即

$$G_{eq}=0.85G=0.85\times 1\,048=891(\mathrm{kN})$$

根据底部剪力法计算结构水平地震作用，场地特征周期 $T_g=0.35$ s，水平地震影响系数最大值 $\alpha_{max}=0.08$。结构自振周期根据式(3.117)及数值软件 ANSYS 模拟结果取 $T=0.37$ s，阻尼比 $\zeta=0.03$。

根据式(3.9)和式(3.11)，

$$\gamma=0.9+\frac{0.05-\zeta}{0.3+6\zeta}=0.9+\frac{0.05-0.03}{0.3+6\times 0.03}=0.94$$

$$\eta_2=1+\frac{0.05-\zeta}{0.08+1.6\zeta}=1+\frac{0.05-0.03}{0.08+1.6\times 0.03}=1.156$$

当 $T_g < T < 5T_g$ 时，

$$\alpha_1 = \left(\frac{T_g}{T}\right)^{\gamma} \eta_2 \alpha_{max} = \left(\frac{0.35}{0.38}\right)^{0.94} \times 1.156 \times 0.08 = 0.088$$

根据式(3.12)、式(3.13)计算各楼层水平地震作用标准值

$$F_{Ek} = \alpha_1 G_{eq} = 0.088 \times 891 = 78.4(kN)$$

$$F_1 = \frac{G_1 H_1}{G_1 H_1 + G_2 H_2 + G_3 H_3} F_{Ek} = \frac{453 \times 3}{453 \times 3 + 357 \times 6 + 238 \times 9} \times 78.4 = 18.9(kN)$$

$$F_2 = \frac{G_2 H_2}{G_1 H_1 + G_2 H_2 + G_3 H_3} F_{Ek} = \frac{357 \times 6}{453 \times 3 + 357 \times 6 + 238 \times 9} \times 78.4 = 29.8(kN)$$

$$F_3 = \frac{G_3 H_3}{G_1 H_1 + G_2 H_2 + G_3 H_3} F_{Ek} = \frac{238 \times 9}{453 \times 3 + 357 \times 6 + 238 \times 9} \times 78.4 = 29.8(kN)$$

6.3.2　结构抗震验算

由于本工程沿宽度方向的抗震墙长度少于其长度方向，因此取其宽度方向进行结构抗震验算。以底层墙体为例，根据图 6.1 平面布置图，计算结构沿宽度方向的抗震墙长度。由于本工程的门窗洞口尺寸较大，超出刚度折减系数公式[式(3.121)及式(3.122)]适用范围，因此不考虑门窗洞口部位墙体的刚度及抗剪强度贡献。结构底层宽度方向石膏板抗震内墙长度 17 m，OSB 板抗震外墙长度 9.4 m。根据表 3.9 及表 3.11，石膏板抗震内墙的单位长度抗剪刚度取 1 600 kN/(m · rad)，单位长度受剪承载力设计值为 2.5×2 kN/m；OSB 板抗震外墙的单位长度抗剪刚度取 4 000 kN/(m · rad)，单位长度受剪承载力设计值为 7.2×2 kN/m。此外，当抗震墙高宽比超过 2∶1 时，应根据表 3.9 及表 3.11 相关规定折算该部分墙体单位长度受剪承载力设计值及抗剪刚度。

根据表 3.10 进行底层石膏板抗震内墙承担楼层剪力百分比计算：

$$\Omega = \frac{1\,600 \times 17}{1\,600 \times 17 + 4\,000 \times 9.4} = 37\% < 40\%$$

满足要求。

根据刚性楼盖假定，由式(3.119)及式(3.120)计算底层石膏板抗震内墙单位

长度水平剪力：

$$S_{11}=\frac{\beta_{ij}K_{ij}}{\sum_{m=1}^{n}\beta_{im}K_{im}L_{im}}V_i=\frac{1\,600}{1\,600\times17+4\,000\times9.4}\times78.4$$

$$=1.94(\mathrm{kN/m})\leqslant\frac{S_\mathrm{h}}{\gamma_\mathrm{RE}}=\frac{2.5\times2}{0.9}=5.56(\mathrm{kN/m})$$

同理，计算底层 OSB 板抗震外墙的单位长度水平剪力：

$$S_{12}=\frac{\beta_{ij}K_{ij}}{\sum_{m=1}^{n}\beta_{im}K_{im}L_{im}}V_i=\frac{4\,000}{1\,600\times17+4\,000\times9.4}\times78.4$$

$$=4.84\ \mathrm{kN/m}\leqslant\frac{S_\mathrm{h}}{\gamma_\mathrm{RE}}=\frac{7.2\times2}{0.9}=16(\mathrm{kN/m})$$

因此，底层抗震墙抗剪强度满足要求。

根据式(3.57)计算抗震墙体水平地震作用下由倾覆力矩引起的下压力：

$$N_\mathrm{s}=\frac{\eta V_\mathrm{s}H}{w}=4.84\times3=14.52(\mathrm{kN})$$

由前可知，抗震墙体在重力荷载代表值作用下的墙柱轴力设计值为每柱 19 kN，且单根 C140 立柱(140 mm×50 mm×13 mm×1.0 mm)已满足静载设计要求。抗震墙体端柱地震作用下的轴心力为倾覆力矩产生的轴向力与原有轴力的叠加即每柱33.52 kN。由于抗震墙体的端柱采用背靠背双拼 C140 立柱形式，因此满足式(3.57)抗倾覆验算要求。

根据式(3.124)计算底层结构弹性位移角：

$$\frac{\Delta_\mathrm{ej}}{H}=\frac{V_j}{\sum_{m=1}^{n}\beta_{jm}K_{jm}L_{jm}}=\frac{78.5}{1\,600\times17+4\,000\times9.4}$$

$$=\frac{1}{826}<[\theta_\mathrm{e}]=\frac{1}{300}$$

因此，底层抗震墙抗剪刚度满足要求。

依据相同步骤进行二层、三层墙体抗震验算，均满足相关规定要求。因此，本工程满足抗震设计要求。

6.4 基础设计计算

采用墙下条形基础,基础埋深 $d=0.5$ m,墙体下导轨腹板高度 140 mm,基础顶面宽度 200 mm,基础高度 $h=300$ mm,边缘厚 200 m。基底采用 100 mm 厚 C10 混凝土垫层,基础保护层厚度 40 mm。地基持力层承载力修正特征值 $f_a=160$ kPa,地基为粉质黏土,基础及上方回填土平均重度 $\gamma_G=20$ kN/m^3,基础混凝土强度等级为 C20,钢筋采用 HPB300 级钢筋。由上部结构传至条形基础的荷载设计值 $F=89.89$ kN/m,标准值 $F_K=69.8$ kN/m。

基础底面宽度 $b=\dfrac{F_k}{f_a-\gamma_G d}=\dfrac{69.8}{160-20\times0.5}=0.47(\mathrm{m})$,取 $b=1$ m。

地基承载力验算:

$p_k=\dfrac{F_k+G_k}{b}=\dfrac{69.8+20\times0.5\times1}{1}=79.8(\mathrm{kPa})<1.2f_a=192(\mathrm{kPa})$,满足要求。

地基净反力　　$p_j=\dfrac{F}{b}=\dfrac{89.89}{1}=89.89(\mathrm{kPa})$

基础底板配筋计算时,计算截面选在墙边缘,则

计算截面处距边缘的距离

$$b_2=\frac{b-b_1}{2}=0.4(\mathrm{m})$$

截面的剪力设计值

$$V=b_2p_j=0.4\times89.89=35.96(\mathrm{kN})$$

$$\frac{V}{0.7f_t}=\frac{35.96}{0.7\times1.1}=46.7(\mathrm{mm})$$

基础有效高度 $h_0=300-40=260(\mathrm{mm})\geqslant46.7(\mathrm{mm})$,满足要求。

计算板底最大弯矩

$$M_{max}=\frac{1}{2}p_jb_2^2=\frac{1}{2}\times89.89\times0.4^2=7.19(\mathrm{kN\cdot m})$$

底板配筋:$A=\dfrac{M_{max}}{0.9h_0f_y}=\dfrac{7.19\times10^6}{0.9\times260\times270}=113.8(\mathrm{mm^2})$

选用 Φ8@200 mm。

基础其余钢筋根据构造要求选取。图 6.21 为基础平面布置图，其中，实心圆点为锚栓预埋位置，锚栓直径 12 mm，间距 1 200 mm，埋深 250 mm。图 6.22 给出相应基础剖面图。

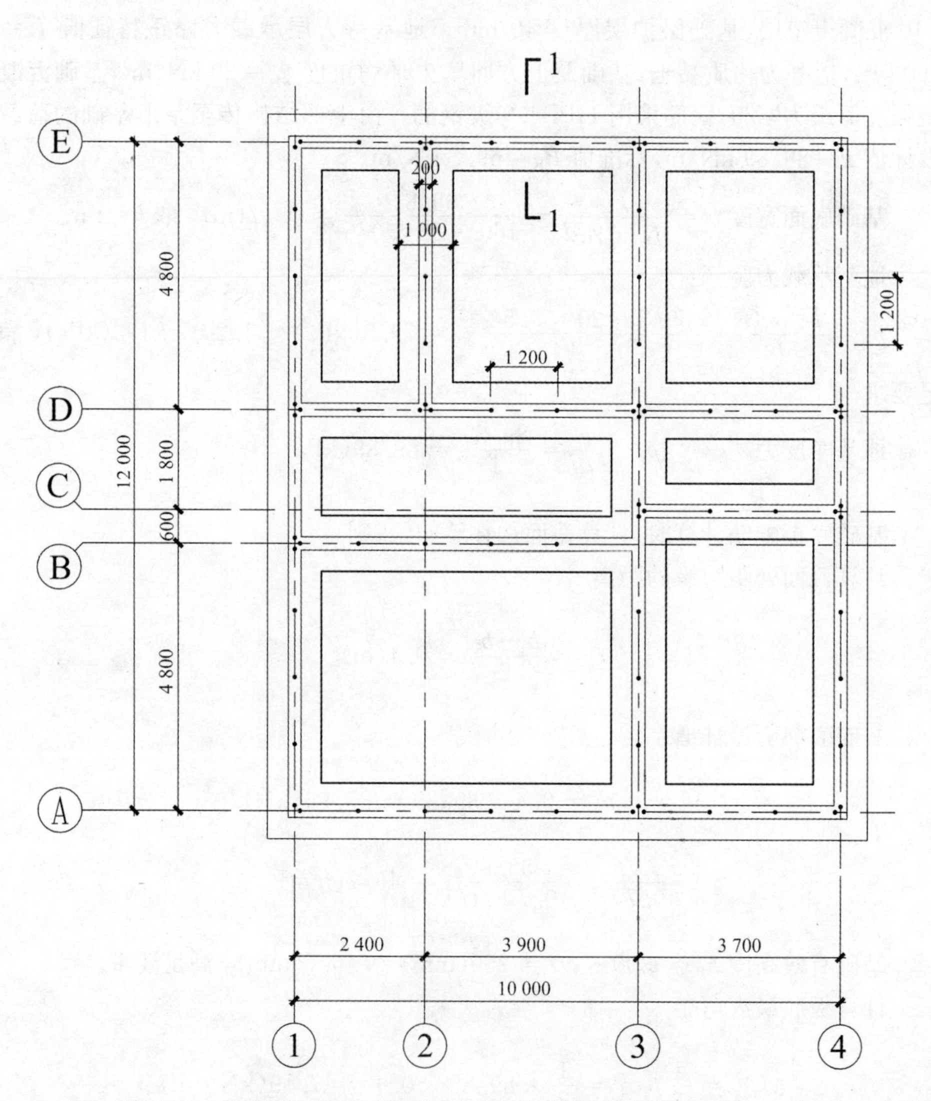

图 6.21　基础平面示意（实心圆点为锚栓预埋位置，间距 1 200 mm）

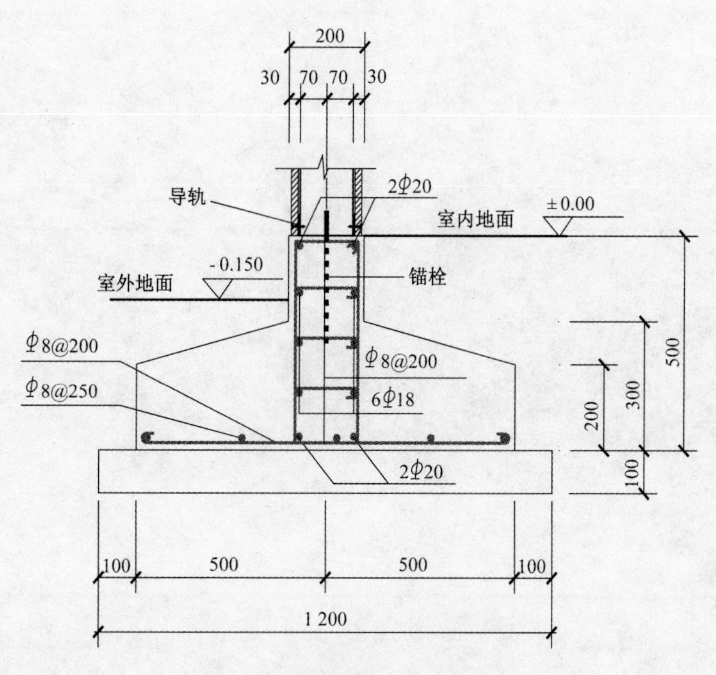

图 6.22　基础 1-1 剖面示意